포괄안보 관점의

# 국가위기관리

포괄안보 관점의

# 국가위기관리

2023년 2월 20일 초판 인쇄
2023년 2월 25일 초판 발행

지은이 | 김태진
펴낸이 | 이찬규
펴낸곳 | 북코리아
등록번호 | 제03-01240호
전화 | 02-704-7840
팩스 | 02-704-7848
이메일 | ibookorea@naver.com
홈페이지 | www.북코리아.kr
주소 | 13209 경기도 성남시 중원구 사기막골로 45번길 14
우림2차 A동 1007호
ISBN | 978-89-6324-031-2 (93390)

값 20,000원

국민의 생명과 재산을 지키기 위한 국가의 역할은 어디까지인가?

포괄안보 관점의

# 국가위기관리

★★★★★

National Crisis Management
in the Perspective of Comprehensive Security

'통합방위의 완전성을 위한 방안'

김태진 지음

북코리아

## 책을 펴내며

'준비를 실패하면 실패를 준비하는 것이다'라는 명언이 있다. 우리나라의 현재 국가위기관리는 준비에 실패하고 있다고 생각한다. 따라서 실패를 준비하지 않기 위해 무엇을 해야 하는지를 포괄안보 관점에서 위기관리이론을 근거로 정리해 보았다.

우리나라의 위기관리는 '국가위기관리기본법'이 마련되지 않은 가운데 위기관련 개별법 위주로 운용되고 있다. 때문에 위기사안별 법과 주관기관, 지원기관이 상이하고 대응매뉴얼이 다양하다. 이러한 가운데 국민의 생명과 재산은 침해를 받고 있다.

한편, 냉전 이후 세계는 전통적 안보위기뿐만 아니라 비전통적 안보위기인 테러, 재난, 감염병 들로부터 국민의 안위를 지키기 위한 포괄안보로 안보의 영역을 확대해 가고 있다.

저자는 여러 가지 안보상황을 경험하였다. GOP철책선 소대장으로부터 해안경계와 통합방위 임무를 수행하는 대대장과 연대장 직책을 완수하였다. 국민의 재난 현장인 성수대교와 삼풍백화점 붕괴현장에서 인명구조작전에도 직접 참여하였다. 북한의 도발인 강릉무장공비침투사건, 연평도 포격도발 등에는 주어진 직책에서 군사적 대비태세를 유지하기 위해 애를 썼다. 특별히 통합방위본부인 합참에서 통합방위 업무를 실무자와 과장으로 추진하며 국가위기관리의 완전성을 생각해 왔다. 그러한 고민을 본 책으로 정리하였다.

'통합방위법에 명시된 국가방위요소가 잘 작동된다면 국민의 생명과 재산을 지킬 수 있을 텐데 왜 잘 통합되지 않을까?' 이 질문이 본 연구의 출발점이다. 위기관리를 대응 위주로 접근하는 것에서 벗어나 예방, 대비, 대응, 복구의 전 단계에서 국가방위요소가 작동되어야 한다는 것을 인식하고 방안을 정리하였다. 이를 위해 관련법규, 주관기관, 국민의식의 3가지 요소가 잘 통합되어야 한다는 것을 국내 · 외 사례연구를 통해 제시하였다.

우리나라의 위기관리는 9 · 11사태 발생 전 미국과 유사하다. 위기관리기본법이 부재하고 위기관련 총괄기능이 약하다. 또한, 위기에 대한 국민 공감대 형성이 부족하다. 우리나라는 남북한이 대치하고 있는 가운데 북한의 군사적 도발인 전통적 위기는 물론 테러, 재난, 감염병 등 국민의 생명과 재산을 침해받는 다양한 위기에 노출되어 있다.

이러한 위기상황을 해결하기 위해 포괄안보적 관점에서 국가위기관리가 필요함을 제기한다. 특히, 통합방위법에 따라 준비되는 국가방위요소가 잘 작동되면 국민의 생명과 재산을 효과적으로 지킬 수 있다고 생각하는 바를 대응방안으로 제시하였다. 본 책은 통합방위분야에서 실무와 정책업무를 수행한 저자의 경험과 서울대 미래안보전략기술과정의 '국가위기관리 시스템 발전방안 연구' 논문, 한남대 박사학위 논문인 '포괄안보 관점에서의 국가위기관리와 국가방위요소 간의 관계에 관한 연구'를 정리한 결과물이다.

처음에는 경험한 바를 정리하기 때문에 쉬울 것 같았지만 지나오는 과정은 생각보다 많이 어려웠다. 그때마다 용기와 방향을 지도해주신 김종하 교수님께 특별히 감사의 인사를 올린다. 또한, 학위 과정을 안내해주시고 세심한 지도를 해주신 서상국 교수님, 위기관리 이해의 강의와 책의 이론적 부분을 강조해주신 마정미 교수님, 질적연구의 방법을 안내해주신 백강희 교수님, 군사과학 기술론의 강의와 애정 어린 격려를 보내주신 최봉완 교수님께도 감사인사를 드린다.

끝으로 이 책이 세상에 나오기까지 도움을 주신 북코리아 이찬규 대표님을 비롯한 모든 분들께 고마움을 전하며, 이 책이 국가위기관리의 완전성을 이루어 가는 데 조금이나마 도움이 되길 기대한다.

2023년 2월

계룡산 기슭 성우마을에서

김태진

## CONTENTS

# 제1장
# 서 론

# 제1절 연구배경 및 목적

국가의 존재 목적은 국민의 생명과 재산을 지키는 것이다. 대한민국 헌법은 전문에 '유구한 역사와 전통에 빛나는 우리 대한국민은 … 우리들과 우리들의 자손의 안전과 자유와 행복을 영원히 확보할 것을 다짐하면서 … 국민투표에 의하여 개정한다'[1]라고 국민의 안전, 자유, 행복추구의 방향을 제시하고 있다.

국민의 생명과 재산을 지키는 것을 기본개념으로 하는 근대국가는 1648년 베스트팔렌조약 이후 서양에서 발전해 왔다. 근대국가는 '상비군, 관료제, 조세 제도 등의 수단을 통해 일정한 지역 내에서 중앙 집중화된 권력을 행사함으로써 대내적으로는 사회 질서를 안정적으로 유지하고 대외적으로는 다른 국가들과 경쟁하면서 이들로부터 배타적인 독립성을 주장하는 정치 조직 또는 정치제도이다'[2]라고 정의되고 있다. 영국의 정치철학자 홉스는 '국가의 목적은 인간의 안전 보장에 있다'[3]라고

1 대한민국헌법, 전문(1987.10.29.).

2 김준석, 『근대국가』(서울: 책세상, 2017), p. 8.

3 토마스 홉스, 『리바이어던』(서울: 동서문화사, 2018), p. 173.

언급한 바 있다. 그래서 국가는 국민의 생명과 안전을 위해 법에 따라 위기를 관리하고 이를 위해 국가방위요소를 준비하고 있는 것이다.

한국의 근대국가 개념은 '해방 이후 시기와 한국 전쟁 시기에 만들어졌다'.[4] 따라서 1948년 8월 15일 대한민국 정부가 수립된 이후 헌법에 근거한 국가와 국가안보의 개념이 형성되었다고 볼 수 있다.

한국은 정부수립 이후 국가의 안보를 위협하는 북한의 6 · 25 전쟁을 비롯해 크고 작은 도발에 우리국민의 생명과 재산에 많은 피해를 입어 왔다. 국가의 존재목적이 국민의 생명과 재산을 지킨다는 것이라고 보았을 때 그동안 한국은 많은 어려움을 겪어 왔다.

한반도를 공산화하려는 북한의 의도는 1945년 해방 이후 지금까지 변화되지 않고 있는 실정에 있다. 이러한 북한의 지속적인 침투 및 도발을 방지하기 위해 1967년 12월 대통령 훈령 제18호 '간첩봉쇄대책'이 최초로 제정되었다. 그 이후 시대적 상황에 따라 대통령 훈령은 그 명칭이 수정되어 왔으며, 1996년 9월에 발생한 '강릉 잠수함 침투사건'을 계기로 '국민의 모든 자유와 권리는 국가안전보장 · 질서유지 또는 공공복리를 위하여 필요한 경우에 한하여 법률로써 제한할 수 있으며'[5]라는 헌법 조항에 따라 1997년에 통합방위법 및 시행령을 제정하게 되었다.

그러나 적의 침투 및 도발에 대비하기 위해 법률을 제정하고 제도를 보완해 왔지만 국가의 위기관리와 국가방위요소간의 작동은 그다지 원활하지 않았다. 일례로 2010년 '연평도 포격전' 당시에는 북한의 도발에 대해 우리군이 즉각 대응하였으나, 통합방위법에 명시된 통합방위사

---

4 김준석, 앞의 책, p. 81.

5 대한민국 헌법, 제37조 2항(1987.10.29.)

태 선포 등 그 이후의 조치와 지역의 주민을 대피시키는 대응이나 복구 과정에는 많은 문제가 발생하였다. 국가는 국민의 생명과 재산을 지키기 위해 위기관리 단계를 예방, 대비, 대응, 복구로 구분하여 관리하며, 이를 위한 다양한 국가방위요소를 준비시키고 상황발생 시 연계시키는 일을 하는 것이다. 그럼에도 불구하고 위의 사례에서처럼 위기가 발생되었을 때 통합된 조치가 제대로 되지 않아 그 피해가 국민들에게 전가되는 문제가 발생하였다.

국가방위요소는 지금까지 통합방위 차원에서 적용되고 있지만, 포괄안보 개념과 재난이 국가위기로 전개되는 일이 많아지고 있는 작금의 시대적인 상황을 고려할 시 국가위기관리 전반에 적용될 필요가 있다. 특히, "테러에 의한 재난이 다른 어떤 재난보다 사회내부에 심각한 영향을 가져올 수 있으므로, 재난관리는 전통적 안보위기관리 체제와도 수평적으로 밀접한 관계를 가질 수밖에 없다는 것이다"[6]라는 주장을 참고할 필요가 있다.

현재 한국의 위기관리는 법규와 제도로 발전되어 가고 있다. 헌법에서 언급하는 국민의 안전을 위해 개별 법률들이 존재하고, 대통령실의 위기관리센터에서 작성하는 대통령훈령 '국가위기관리기본지침'[7]이 최상위 기준문서로서 존재한다.

통합방위는 통합방위법이 제정된 1997년 전 · 후로 구분하여 볼 수 있다. 법률로 발전된 통합방위는 2010년 11월 23일 발생한 연평도 포격전을 계기로 많은 문제점이 노출되었다. 적의 침투 · 도발과 그 위협에

---

6 정지범 편저, 『국가 종합위기관리』(파주: 법문사, 2009), p. 545.

7 대통령훈령 제388호, 국가위기관리기본지침(2018.9.4.)

대응하기 위해 제정된 통합방위법령과 제도가 있다 하더라도 실제적 작동은 국가방위요소별 유기적인 통합이 있어야만 국민의 생명과 재산을 제대로 지킬 수 있다는 교훈을 얻게 되었다.

'국가방위요소'라는 용어는 1995년 1월 1일 개정된 대통령훈령 제28호 통합방위지침에서 처음 사용되었다. 이때 개정된 훈령 제28호 제1조(목적)에 "본 훈령은 전 · 평시 적의 침투, 도발 등 위협에 대응할 수 있는 각종 '국가방위요소'를 통합하여 범국가적인 종합방위대책을 수립 · 시행하는 데 필요한 사항을 규정함을 목적으로 한다"라고 명시되어 있다.

이렇게 1995년 대통령훈령 상에 '국가방위요소'가 포함되고 1997년 통합방위법 제정 시 이것이 포함되었지만 소위 '국가방위 6대요소' 간의 원활한 통합은 잘 되지 않고 있다. 그것은 국가방위요소의 운용이 통합방위법에 따라 적의 침투 · 도발과 그 위협에만 국한시켜 적용하기 때문이다.

이런 맥락에서 국가의 위기관리가 전통적인 안보위협인 전쟁이나 테러 등 군사위협으로부터 포괄적 안보위협인 재난이나 질병 등 비군사적 위협으로 확대되는 세계적인 추세를 고려 시 국가방위요소의 원활한 운용을 통한 위기관리를 위해 통합방위법의 개정이 필요한 시점에 있다. 또한 한국은 외국과 비교 시 안보와 관련된 기본법이 존재하지 않음으로 인해 각종 위기와 재난 발생 시 주무부처별 대응으로 효과적인 위기관리가 미흡한 실정에 있다.

이런 것을 염두에 두고 본 책은 국가 위기관리 단계별 국가방위요소가 어떻게 관계되고 있는가를 확인하며, 또 그것이 잘 작동되기 위해서 반드시 보완해야 할 것은 무엇인지를 살펴보는 데 목적이 있다. 이 연구목적을 달성하기 위해 이론적 배경으로 삼은 것은 '포괄안보(Comprehensive Security)'[8] 개념과 '총체적 재난관리 모델(Comprehensive Emergency Management Model)'[9]이다. 즉, 국가는 포괄안보적 관점에서 국민의 생명과 재산을 침해하는 모든 위협에 대해 위기관리하며, 총체적 재난관리 모델에서 제시하는 위기의 예방, 대비, 대응, 복구의 순환과정으로 관리하여야 한다는 것이다.

따라서 국가의 위기관리 단계와 국가방위요소의 관계를 구조와 개체이론의 관점에서 분석한다. 구조적 현실주의로 유명한 케네스 월츠[10]는 '전쟁의 원인에 대한 연구'를 정리한 그의 저서 『인간, 국가, 전쟁』에서 다음과 같이 언급하였다. '그 체제(제도)가 작동할 수 있도록 하는 것은 무엇인가?'와 '그 체제(제도)가 순조로이 작동할 수 있도록 하는 것은 무엇인가?'[11]라고 제시하며 체제나 제도가 운용되는 원리를 제시하고 있다. 이 2가지 질문이 본 책의 연구질문에 계기를 마련해 주었다.

앞의 2가지 질문을 바탕으로 본 책에서는 다음의 세 가지 연구질문을 제기한다. '첫째, 국가위기관리단계와 국가방위요소간의 작동이 되게 하는 것은 무엇인가? 둘째, 국가위기관리단계와 국가방위요소 간의 작동이 순조롭게 되게 하는 것은 무엇인가? 셋째, 국가방위요소가 통합되어 국민의 생명과 재산이 지켜지기 위해 법적 보완이 필요한 것은 무엇인가?'이다. 이 질문에 대한 답을 모색함으로써 국민의 생명과 재산을

---

8 김진항, 『포괄안보시대의 위기관리 전략』(성남: 북코리아, 2018), p. 32.

9 이재은, 『위기관리학』(서울: 대영문화사, 2018), p. 239.

10 미국의 국제정치학자(1924~2013), 미국 캘리포니아 대학 석좌교수 겸 컬럼비아 대학 정치학과 교수, 미국 정치학회 회장, 신현실주의 또는 구조적 현실주의의 주창자로 평가받는다. 한국전쟁 참전자.

11 케네스 월츠, 『인간, 국가, 전쟁』(파주: 아카넷, 2020), p. 126.

지키기 위해 국가는 위기에 대한 인식을 분명히 하는 가운데, 관련법규의 제 · 개정, 주관기관의 주도적인 역할은 물론 국민들의 의식이 중요함을 제시하고자 한다.

따라서 분석은 국가가 위기관리를 4단계에 따라 수행하면서 각 단계마다 국가방위요소가 어떻게 준비되고 상호간 작동되며 통합되는지를 국내사례 3건과 국외사례 4건을 근거로 제시한다.

이를 통해 포괄안보 관점에서의 통합방위의 완전성을 위한 방안을 모색해 본다.

# 제2절 연구범위 및 방법

본 책의 연구범위는 포괄안보 개념의 정의와 등장배경을 확인하고 위기와 위기관리 이론의 발전과정을 파악하며, 위기 시 국가방위요소가 어떻게 작동하는지를 확인하는 데 있다. 또한, 관련 국내 · 외 사례를 통해 시사점을 도출하여 통합방위의 완전성을 위한 방안을 제시하는 것이다.

위기와 위기관리이론은 국내외 다양한 학자들의 주장을 근거로 그 정의와 개념을 확인한다. 또한 총체적 위기관리 모델을 제시한 학자들의 주장을 근거로 한국 정부에서 적용하고 있는 위기관리 4단계 이론이 어느 학자로부터 연유되었는지를 제시한다.

한국의 국가위기관리는 '국가위기관리기본지침'에 근거하여 '예방 · 대비 · 대응 · 복구'의 4단계로 운용되고 있다.

1단계 예방은 '위기 요인을 사전에 제거하거나 감소시킴으로써 위기 발생 자체를 억제하거나 방지하기 위한 일련의 활동을 말한다'.[12] 따라서 예방단계에서는 제도 개선 및 정책적 · 기술적 대안강구와 취약점

12 대통령훈령 제388호, 국가위기관리기본지침(2018. 9. 4.), 제24조.

의 보완 · 관리 등이 이루어졌는지를 확인한다. 특히, 통합방위차원에서 국가방위요소가 어떻게 준비되었는지를 분석한다.

2단계 대비는 '위기 상황에서 수행해야 할 제반 사항을 사전에 계획하고 준비, 교육, 훈련을 함으로써 위기 대응 능력을 제고시키고, 위기 발생 시 즉각적으로 대응할 수 있도록 태세를 강화시켜 나가는 일련의 활동'[13]이다. 따라서 대비단계에서는 매뉴얼의 작성 · 보완과 위기 대응책의 수립, 위기 대응 투입자원의 확보와 관리, 위기 대응절차의 교육과 연습 · 훈련, 위기징후 감시 및 경계활동 운용 등이 이루어졌는지를 확인한다. 특히, 통합방위차원에서 국가방위요소별로 계획과 조직, 훈련과 지원요소 등이 어떻게 준비 되었는지를 확인한다.

3단계 대응은 '위기 발생 시 국가의 자원과 역량을 효율적으로 활용하고 신속하게 대처함으로써 피해를 최소화하고, 추가적인 위기 발생 또는 위기의 확대 가능성을 감소시키는 일련의 활동[14]이다.' 따라서 대응단계에서는 초기 대응조직과 비상대책기구 가동, 응급 대응, 공조체제 유지 등이 작동되었는지를 확인한다. 특히 통합방위차원에서 국가방위요소가 주관기관에 의해 통합되어 위기상황을 신속히 안정화시키고 국민의 생명과 재산을 효과적으로 지켰는지를 확인한다.

4단계 복구는 '위기로 발생한 피해를 위기 이전상태로 회복, 평가 등에 의한 제도 개선과 운영체계 보완을 통해 재발을 방지하며 위기관리 능력을 강화하는 일련의 활동'[15]이다. 따라서 복구단계에서는 복구자

---

13 대통령훈령 제388호, 앞의 지침, 제28조.

14 대통령훈령 제388호, 앞의 지침, 제33조.

15 대통령훈령 제388호, 앞의 지침, 제38조.

원의 투입과 원상회복, 위기관리 활동의 평가, 개선책의 강구 등이 진행되었는지를 확인한다. 특히, 통합방위차원에서 국가방위요소가 복구단계의 과업들을 통합된 가운데 수행하는지를 확인한다.

이러한 위기관리 단계는 전단계가 연계되어 있고 그 결과는 또한 순환되어 위기의 발생을 예방하는 데 기여하여야 한다. 국가는 이것의 작동을 위해 법규를 제정하고 주관기관을 지정하여 운용한다. 그러나 법규의 미비된 점과 주관기관의 운용 미흡은 물론 국민들의 안보의식 약화로 위기관리가 잘 작동되지 못한 면이 있음을 확인한다.

국가방위요소의 연구범위는 국가방위요소라는 개념이 언제부터 사용되었는지, 국민의 생명과 재산을 지키는 데 필요한 국가의 모든 역량이 포함된 '국가방위요소'가 잘 통합되지 못하는 이유는 무엇인지를 확인한다. 국가방위요소는 통합방위법에서 제시되었다. 따라서 통합방위법의 제정배경과 국가방위요소의 등장과정을 연구한다. 통합방위법의 목적은 '적의 침투 · 도발이나 그 위협에 대응하기 위하여 국가 총력전(總力戰)의 개념을 바탕으로 국가방위요소를 통합 · 운용하기 위한 통합방위 대책을 수립 · 시행하기 위하여 필요한 사항을 규정함'[16]으로 명시되어 있다. 하지만, 국가총력전의 개념을 바탕으로 작동되어야 할 국가방위요소의 운용이 적의 침투 · 도발과 그 위협에 한정되어 있다. 이로부터 각 위기단계별 국가방위요소가 유기적으로 작동되지 못하는 한계가 도출된다. 즉 통합방위법의 적용대상이 '적'으로 표현되어 있기 때문에 '적'이 아닌 위기와 위협에는 통합되어 운용되기에는 한계가 있다.

---

16 법률 제17686호, 통합방위법, 제1조(목적)

특히, 우리나라의 정치상황과 북한의 간접전략[17] 등에 따라 '적'의 개념과 지정이 모호해지고 있어 통합방위법의 적용여건이 더욱 어려워지고 있다. 따라서 이러한 문제점과 제한사항을 극복하기 위해서는 어떠한 것들이 필요한지를 연구한다.

한편, 포괄안보이론으로 보았을 때 국민의 안전과 생명, 재산을 지키기 위한 군(軍)의 역할이 강화되고 있기 때문에 통합방위법 개정을 통한 국가방위요소의 적용대상이 확대될 필요가 있는 부분도 연구한다.

위와 같은 연구를 위해 본 책에서는 다음과 같은 연구방법을 활용한다. 첫째, 포괄안보 개념과 관련된 단행본과 연구논문을 통해 포괄안보의 정의와 등장배경을 확인한다. 위기관리 단계에 대한 이론적 고찰은 일반이론과 선행연구를 검토하고 연구문제를 도출한 뒤, 분석의 틀을 구축하였다. 이를 위해 '총체적 위기관리 모형(Comprehensive Emergency Management Model: CEM)'에서 제시하는 4단계와 '국가위기관리센터'의 4단계모델을 활용하였고, 4건의 선행연구 논문을 분석하였다.

둘째, 도출한 연구문제가 위기관리단계별로 어떻게 작동되어야 하는지에 대해 기준안을 제시하였다. 이를 위해 1차 자료로 한국의 관련 법령과 한국정부의 공식문서 등을 활용하였고, 2차 자료로 단행본, 학위논문과 학술논문, 신문사설, 기존 연구문헌 등을 활용하였다.

셋째, 위기관리 단계별 국가방위요소가 어떻게 작동되었는지 사례연구를 통해 제시하였다. 이를 위해 국내사례는 최초의 통합방위사태가 선포된 1996년 9월 '강릉 무장공비 침투사건', 통합방위의 문제점이 노출된 2010년 11월 '연평도 포격전', 감염병 대응을 위해 국가방위요소

---

17 앙드레 보프르, 『전략론』(서울: 국방대학교, 1975), p. 146.

가 통합되어 운용된 2020년 '코로나19 위기관리'를 확인한다. 국외사례는 2001년 '미국의 9 · 11사태', 2016년 '프랑스의 파리테러', 2011년 '일본의 후쿠시마 원자력 발전소 사고', 2022년 2월 시작되어 현재 진행 중인 '우크라이나 전쟁'을 연구한다.

넷째, 사례연구를 통해 국가 위기관리에 따른 시사점을 도출하였다. 이를 위해 국가별 위기관리 시스템과 관련된 법령과 같은 1차 자료를 확인하고, 논문과 교훈집, 언론보도자료 등의 2차 자료를 활용하였다.

다섯째, 위에서 도출된 문제점들을 해결하기 위한 방안을 제시하였다. 방안의 정책적 적실성을 높이기 위해 '국가위기관리기본지침'과 '통합방위법', '재난 및 안전관리기본법' 등의 1차 자료를 활용하였다.

이러한 연구방법을 통해 국가위기관리와 국가방위요소 간의 관계에 있어 관련법규, 주요기관, 국민의식이 어떤 영향을 주는지를 도출한다.

# 제3절 책의 구성

본 책은 총 6개의 장으로 구성되어 있다. 제1장 서론에서는 연구의 목적과 문제를 제기하고, 연구범위 및 연구방법을 검토하여 국가위기관리와 연계된 국가방위요소의 작동 관계를 설명하였다.

제2장 제1절에서는 포괄안보의 개념에서 위기관리이론, 그것과 관련된 단계별 이론을 소개하고 현재 한국에서 적용하고 있는 위기관리 4단계가 무엇인지를 설명한다. 또한 통합방위와의 관계, 국가방위요소의 운용을 소개한다. 제2절에서는 선행연구를 검토한다. 제3절에서는 연구문제를 구체화하고 이에 전제를 둔 분석틀을 제시한다. 제4절에서는 분석틀에 따라 위기관리 단계별 국가방위요소의 운용이 어떠해야 하는지를 기준안으로 제시한다.

제3장에서는 국가별 위기관리 사례를 제시한다. 국내사례는 통합방위사태가 처음 선포되었던 1996년 강릉 잠수함 침투사건, 통합방위사태선포가 지연됨으로 인해 제한사항이 발생했던 2010년 연평도 포격전, 감염병 재난으로서 2020년 시작되어 현재도 진행 중인 코로나19 위기관리 사례를 확인한다. 국외사례는 미국의 전 국가방위요소가 통합되

어 대응했던 2001년 9 · 11테러, 프랑스의 도심지내 극단적 테러로 언급되는 2016년 파리 테러, 일본의 경우 자연재난으로 출발했지만 핵발전소 방사능 누출과 연계된 2011년 후쿠시마 원자력 발전소 폭발사고, 우크라이나에서 2022년 발생하여 지금도 진행중인 우크라이나전쟁 사례를 분석한다.

제4장에서는 국가별 위기관리 사례연구를 통해 도출된 시사점을 제시한다. 국가별 위기관리 단계마다 국가방위요소의 예방과 대비, 대응과 복구가 적절했는지를 제시하면서 위기관리의 발전을 위해서 관련 법규의 제정과 주관기관의 노력, 국민들의 단합된 의식이 중요함을 확인한다.

제5장에서는 포괄안보 관점에서의 통합방위 완전성을 위한 정책방안을 제시한다. 이를 위해 국가위기관리 기본법의 제정과 관련법률의 정비, 국가 통합방위계획의 수립은 물론 관련된 훈련과 시스템의 보완, 지방자치단체의 노력과 소방의 국가방위요소화가 필요함을 역설한다.

제6장은 연구를 통해 도출된 결과를 요약, 제시하고 연구의 학술적 성과와 실무적 성과, 그리고 향후 연구를 위한 방향을 제시한다.

# 제2장

# 이론적 배경과 분석의 틀

# 제1절 포괄안보와 위기관리 및 통합방위

## 1. 포괄안보

### 1) 포괄안보의 정의

포괄안보는 '국가의 지속가능한 발전을 위협하는 모든 군사적 위기와 비군사적 위기로부터 인간, 경제, 환경, 군사 안전을 보장하는 것'으로 정의하고 있다.[1] 또한, '국민 생존에 위협을 가하는 다양한 위협과 위험으로부터 위협이 없는 상태 또는 안전한 상태'[2]로 정의하기도 한다. 앞의 정의는 국가를 전제로 국가를 구성하는 국민과 경제, 환경, 군사 등의 안전을 군사적, 비군사적 위기로부터 보호하는 것이며, 후자는 국민을 주요 대상으로 설명하고 있다고 볼 수 있다.

사전적으로 포괄안보는 '국민이 생존을 위협하는 여러 가지 위험

1 이재은, 앞의 책, p. 160.

2 김진항, 앞의 책, p. 32.

등에서 벗어나 안전한 상태를 유지할 수 있도록 보호하는 일을 이르는 말'[3]이라고 정의되어 있다. 또한 포괄적 안보는 '전쟁, 무력 도발, 국경 분쟁 등과 같은 전통적 안보 영역은 물론, 재난 위기 영역, 국가 핵심 기반 위기 영역, 국민 생활 안전 위기 영역을 포함하는 안보 개념'[4]으로 정의하고 있다.

본 책에서는 '포괄안보'와 '포괄적 안보'를 같은 정의의 범주에 포함하여 연구한다.

## 2) 포괄안보의 등장과 개념

기본적으로 포괄안보(comprehensive security)는 냉전의 종식과 세계화의 진전에 따른 새로운 안보위협에 대처하기 위해 등장한 안보개념이다.[5] 전통적인 안보개념은 1980년대에 들어와 '포괄안보'(comprehensive security), '공동안보'(common security)', '협력안보'(cooperative security) 등의 다양한 안보개념으로 전개되었는데, 이들은 국가중심적 입장을 유지, 국가간 상호협력과 비군사적 안보요소들을 강조하는 특징을 가지고 있었다.

포괄안보의 개념은 1990년대 아세안 국가연합(ASEAN)의 협력 방식에 적용되면서 학문적으로 정착하기 시작했다. 아세안 국가들의 안보적 관점은 군사적 문제보다는 경제적 협력, 정치적 대화, 상호 의존성의

---

3 국어사전(2022년 11월 4일, 네이버)

4 국어사전(2022년 11월 4일, 네이버)

5 김진항, 앞의 책, p. 28.

증대, 국가들의 통치 능력에 초점을 맞추면서 국가들 간의 협력증진을 도모했다.[6]

한편, '9 · 11테러 이후에는 새로운 위협에 대비하기 위해 평시 재난 위주의 위기관리 체계를 전반적으로 재검토하게 되면서 전통적인 군사안보 위협뿐만 아니라 테러와 재난 등 현대의 다양한 위협에 대응하는 사회적 안전 보호에도 중점을 둔 포괄적인 위기관리 개념을 정립하였다'[7]고 보는 연구자도 있다.

또한 국가위기관리지침에서는 포괄적 안보 개념이 '통일, 외교, 군사의 전통적 안보뿐만 아니라 정치, 경제, 사회, 환경 등 제 분야에 대하여 국가 및 국민의 총체적인 안위를 확보하려는 확대된 안보 개념을 의미한다'[8]고 정리하고 있다.

초기의 포괄안보 개념은 안보의 수혜대상을 국가로 하고 그 구현방법과 수단 면에서 포괄적이라고 명명했으나, 이에 반해 현재의 포괄안보 개념은 안보의 위해요인을 포괄적 관점에서 인식하는 것이다. 즉, 이것은 전통적인 군사적 안보와 오늘날 테러, 재난, 전염병 등 새롭게 등장한 비군사적 안보를 통칭하는 안보개념인 것이다.[9]

국가안보는 국가의 주권과 영토적 통합을 유지하는 데 목표를 두고 있는 반면, 인간안보는 사람들을 보호하는 것에 관한 것이다. 국가는 강력한 군사력을 유지하여 외적을 막는 한편 자국의 영토 내 국민들을 보호할 의무도 함께 가진다. 이와 함께 UN '인간안보위원회'의 보고서

---

6 김진항, 앞의 책, p. 29.

7 이재은, 앞의 책, p. 155.

8 이재은, 앞의 책, p. 159.

9 김진항, 앞의 책, p. 31.

를 살펴보면 "인간안보는 인권을 증진시키고 인간 발전을 강화하면서 동시에 국가안보를 보완하는 역할을 수행한다"[10]라고 기술하여 인간안보가 국가안보와 상호 보완적인 관계임을 밝히고 있다.[11]

국가가 타국의 지배하에 놓여 있게 되면 국민의 생명과 자유는 무참히 침해되고 인권이 유린되는 상황에 처하게 될 것이다.[12] 그런 점에서 많은 학자들이 국가안보와 인간안보는 상호 보완적이라는 점을 강조한다. 국가안보가 자동적으로 인간안보를 보장해 주는 것은 아니지만, 국가안보는 인간안보 실현을 위한 필요조건인 것이다. 외부의 침입으로부터 영토와 주권이 안정적으로 유지되지 않으면 자국 내 국민들의 복지와 안전이 보장될 수 없다. 역으로 자국의 국민들에게 최저 생계 보장과 물리적 안정 유지 등 국가로서의 의무를 이행하지 않고서는 국가안보를 유지하기 어렵다.[13] 따라서 인간안보는 국민을 대상으로 하는 안보라고 이해된다.

이러한 맥락에서 현재의 통합방위를 개선시킬 필요성이 식별된다. 즉, 한국의 통합방위는 그 출발이 '적의 침투 · 도발과 그 위협'에 대응하는 것에서 비롯되었지만 최근의 다양한 위협으로부터 국민의 생명과 재산을 보호하기 위해 그 적용분야를 포괄적인 차원으로 확장시킬 필요가

10 Commission on Human Security, Human Security Now:Final Report (New York: CHS, 2003), p. 4.

11 Amitav Acharya, "The Nexus Between Human Security in East ASIA, International Conference Hall, Korea Press Center, Seoul, Korea, 16-17 (June 2003), p. 88.

12 Dewi Fortuna Anwar, "Human Security: An Intractable Problem," in ASIA Security Order:Instrumental and Normative Features (Standford, California: Stanford University Press, 2003), p. 564.

13 전웅, "국가안보와 인간안보", 『국제정치논집』 제44지 1호(2004), pp. 40~42.

있다.

### 3) 포괄안보 관점의 위기관리

국민의 생명과 재산을 보장하기 위해서는 포괄안보 관점에서 위기를 관리해야 한다. 오늘날 국민의 생명과 재산을 침해하는 다양한 위협들이 존재한다. 자연적 재해, 인위적 재난은 물론 적의 침투 · 도발 등이다. 전쟁은 가장 치명적인 위협이다. 문명화된 21세기에 러시아와 우크라이나의 전쟁을 보더라도 국민의 생명과 재산은 심각한 피해를 입게 된다.

이에 따라 포괄적 안보 관점에서의 국가 안보와 국가위기 유형을 정리하면 〈표 2-1〉과 같다.

'포괄안보 개념으로의 논의 확장은 포괄적 안보의 개념과 결합된 국가, 인간, 환경 안보의 보다 전통적인 관점들을 확대해주고 재형성시켜 준다. 포괄안보는 영속적인 인간 안보에 필수적이고 지속가능한 발전을 보다 인간적인 형식으로 연계시켜 주는 것이다.'[14]라고 주장하기도 한다.

현재 한국은 재난과 적 도발에 의한 위기관리가 법과 제도 등으로 구분되어 있다. 따라서 통합된 관리가 필요한 시점에 있다. 이러한 부분을 보완할 수 있는 것이 포괄안보 관점에서 위기를 관리하는 것이다. 국민의 생명과 재산을 위협하는 것을 제거하고 안전하고 행복한 삶을 보

14 이재은, 앞의 책, p. 160.

장해주기 위한 국가의 책무를 다하기 위해서 더욱 그러하다. 이지점에서 통합방위법에 명시된 국가방위요소가 국가위기관리차원에서 준비되어 작동되어야 하는 필요성이 제기된다.

**〈표 2-1〉 포괄적 안보 관점에서의 국가안보와 국가위기 유형**

<table>
<tr><th>국가<br>구성<br>요소</th><th>국가<br>안보<br>유형</th><th>국가<br>안보<br>위기</th><th colspan="2">국가위기<br>유형</th><th>국가위기 종류</th></tr>
<tr><td rowspan="3">국민</td><td rowspan="3">국민<br>안보</td><td rowspan="3">국민<br>안보<br>위기</td><td colspan="2">국민 생활<br>안전 위기</td><td>취약계층 위기, 생활경제 위기, 생활치안 위기, 교통생활 위기, 직업생활 위기, 학교생활 위기, 생활식품 위기, 생활용품 위기, 생활건강 위기, 생활시설 위기, 생활환경 위기, 생활기반 위기</td></tr>
<tr><td rowspan="2">재난<br>위기</td><td>자연<br>재난</td><td>태풍, 호우, 집중호우, 폭풍, 지진, 해일, 폭설, 폭염 등</td></tr>
<tr><td>인적<br>재난</td><td>화재, 붕괴, 폭발, 침몰, 압사, 추락, 교통사고, 유해화학물질 사고 등</td></tr>
<tr><td>영토</td><td>영토<br>안보</td><td>영토<br>안보<br>위기</td><td colspan="2" rowspan="2">전통적<br>군사안보<br>위기</td><td rowspan="2">전쟁, 국지도발, 대량살상무기 개발 및 확산, 주변국 군사적 위협, 주변국과 갈등 · 충돌, 영토침범, 주권 훼손, 국지분쟁, 테러 등</td></tr>
<tr><td>주권</td><td>주권<br>안보</td><td>주권<br>안보<br>위기</td></tr>
<tr><td rowspan="2">국가<br>핵심<br>기반</td><td rowspan="2">국가<br>핵심<br>기반<br>안보</td><td rowspan="2">국가<br>핵심<br>기반<br>안보<br>위기</td><td colspan="2">공공<br>핵심기반<br>위기</td><td>금융, 교통 · 수송, 전력, 정보통신, 에너지, 원자력, 댐, 정부시설, 공공안전, 공중보건, 산업단지, 유물 · 유적 등</td></tr>
<tr><td colspan="2">민간<br>핵심기반<br>위기</td><td>상업시설, 생활필수품, 사회갈등, 유해물질 등</td></tr>
</table>

출처: 이재은, 『위기관리학』(서울: 대영문화사, 2018), p. 162 수정(압사 추가)해 제시.

## 2. 위기 및 위기관리

### 1) 위기의 정의

사전적으로 '위기(危機, Crisis)'는 '위험한 고비나 시기'[15]로 정의되고 있다. 하지만 '위기'라는 용어는 정치, 경제, 사회, 군사, 환경 등 여러 분야에서 사용되고 있다. 1962년 미국과 구소련의 쿠바미사일 위기사태 이후부터는 이 용어가 개인의 건강과 운동에 이르기까지 다양한 곳에서 실무적으로, 또 학술적으로 폭넓게 사용되고 있다. 또 위기와 유사한 재난(disaster), 비상사태(emergency), 위험(risk) 등의 개념도 위기용어를 대체하는 경우가 많아 종종 혼란이 야기되기도 한다.

과거에는 전통적인 안보 분야의 위기만이 국가의 주권을 지키는 차원에서 위기의 진정한 의미 혹은 개념으로 간주되어 왔으나 최근에는 지진, 질병, 대형홍수 등 자연 재난과 테러, 환경오염 등 인류의 생명을 위협하는 것까지 포함된 개념으로 확장되고 있는 실정에 있다. 즉 전통적 안보 분야의 위기뿐만 아니라 자연재난과 인위재난 그리고 국가기반체계의 마비로 인해 발생하는 재난도 위기의 개념에 포함되고 있다.[16]

한국 국가안보실의 '국가위기관리기본지침서'에서는 국가위기를 '국가의 주권 또는 국가를 구성하는 정치, 경제, 사회, 문화체계 등 국가의 핵심요소나 가치에 중대한 위해가 가해질 가능성이 있거나 가해지고

15 국립국어원, 『표준국어대사전』(2022년 7월 14일 검색)

16 김열수, 『21세기 국가위기관리체제론』(서울: 오름, 2005), p. 39.

있는 상태'[17]로 정의하고 있다.

학술적으로는 학자에 따라 여러 견해가 있지만 정치학 분야에서 국내학자 중 이동훈은 '국가적 위기상황은 평화와 전쟁의 전환점이며, 국가간의 상충된 이해관계 표출로 갈등이 고조된 전쟁발발 직전의 급박한 상황'[18]으로 정의하고 있다. 김열수는 '주로 국제정치관계에서 국가라는 행위자를 중심으로 국가 간의 어떤 사건의 발생으로 인한 위험한 시기의 도래로 전쟁과 평화를 구분 짓는 절박한 시점'[19]으로 정의하고 있다. 그리고 조영갑은 '적대 행위의 현저한 증가로 중대한 목표나 가치가 심각한 위협을 받고 있을 때 비교적 짧은 시간에 대응책을 취해야 하는 예기치 못한 긴박한 상태'[20]라 정의하고 있다.

윌리엄스(Phil Williams)는 '국가 간에 있어서 적대적인 대결행위가 짧은 기간 동안에 급속히 전개되어 전쟁발발 가능성이 고조되는 상태'[21]라고 개념정의 하고 있다. 스나이더(Glenn Snyder)도 역시 같은 맥락에서 '냉전적 갈등 현상이 극대화되어 비록 전쟁의 발발은 아니더라도 흡사 전쟁 상황과 같은 긴장국면이 급격하게 전개되는 것을 위기'[22]라고 정의하였다.

즉 국제정치학에서는 국가적 위기상황은 평화와 전쟁의 전환점으

---

17 『국가위기관리기본지침』은 2004년 9월 20일 대통령훈령 제124호로 제정되었으며, 최근 개정은 2018년 9월 4일, 대통령훈령 제388호로 개정되었다.

18 이동훈, 『위기관리의 사회학』(서울: 집문당, 1999), p. 42.

19 김열수, 앞의 책, pp. 32~33.

20 조영갑, 『국가위기관리론』(성남: 선학사, 2006), p. 26.

21 Phil Williams, Crisis Management (London: Gloom Heim, 1978), p. 7.

22 Glenn H. Snyder and Paul Diesing, Conflict among Nations: Bargaining Decision Making and System Structure in International Crisis (Princeton University Press, 1977), p. 7.

로 파악, 국가 간의 상충된 이해관계가 표출, 갈등이 극도로 고조되어 전쟁발발 직전의 급박한 상황을 지칭한다.[23] 또 학술적 발전을 위해 확대된 개념으로 국가위기의 개념을 '국민의 생명 · 재산 및 국가의 주권과 영토 또는 경제 · 사회적 생명력과 일체성에 영향을 미치는 일체의 사건이나 상황'[24]으로 정의되고도 있다.

앞에서 언급된 위기의 정의를 표로 정리하면 〈표 2-2〉와 같다.

**〈표 2-2〉 위기의 정의**

| 구분 | 내용 | 비고 |
|---|---|---|
| 국어사전 | 위험한 고비나 시기 | 일반정의 |
| 국가위기 관리지침 (2018) | 국가의 주권 또는 국가를 구성하는 정치, 경제, 사회, 문화체계 등 국가의 핵심요소나 가치에 중대한 위해가 가해질 가능성이 있거나 가해지고 있는 상태 | 국가위기 |
| 이동훈 (1999) | 국가적 위기상황을 평화와 전쟁의 전환점으로 파악하고 국가 간의 상충된 이해관계가 표출되어 갈등이 고조된 전쟁 발발 직전의 급박한 상황 | 국가위기 |
| 김열수 (2005) | 주로 국제정치관계에서 국가라는 행위자를 중심으로 국가 간의 어떤 사건의 발생으로 인한 위험한 시기의 도래로 전쟁과 평화를 구분 짓는 절박한 시점 | 국가위기 |
| 조영갑 (2006) | 적대 행위의 현저한 증가로 중대한 목표나 가치가 심각한 위협을 받고 있을 때 비교적 짧은 시간에 대응책을 취해야 하는 예기치 못한 긴박한 상태 | 국가위기 |
| 윌리엄스 (1978) | 국가 간에 있어서 적대적인 대결행위가 짧은 기간 동안에 급속히 전개되어 전쟁 발발 가능성이 고조되는 상태 | 국가위기 |
| 스나이더 (1977) | 냉전적 갈등 현상이 극대화되어 비록 전쟁의 발발은 아니더라도 흡사 전쟁 상황과 같은 긴장국면이 급격하게 전개되는 것 | 국가위기 |

23 이동훈, 앞의 책, p. 42.

24 이재은, 앞의 책, p. 208.

| 구분 | 내용 | 비고 |
| --- | --- | --- |
| 이재은 | 국민의 생명 · 재산 및 국가의 주권과 영토 또는 경제 · 사회적 생명력과 일체성에 영향을 미치는 일체의 사건이나 상황 | 포괄안보적 위기 |

출처: 제1절 '위기의 정의' 정리하여 제시

이렇듯 위기의 개념이 확대됨에 따라 국가위기의 개념도 확대되고 있다. 포괄적 안보개념에서의 국가위기 개념도 주로 전쟁이나 무력 충돌을 가정한 전통적 안보 위기 중심에서 벗어나 자연재난과 인적재난 등의 재난 위기, 그리고 국가의 핵심 기능과 기반이 위협받는 국가 핵심 기반 위기까지 포괄하고 있다.

### 2) 위기의 발생 과정

위기의 발생과정을 확인해 보면, 위기는 어떤 공식적이고 체계적인 단계를 거쳐 발생하는 것도 아니고 갑자기 찾아온 것도 아니다. 하지만 최소한의 갈등-분쟁-위기라는 위기발생과정의 본질을 거쳐 일어나게 된다. 이를 설명한 도표는 〈그림 2-1〉과 같다.

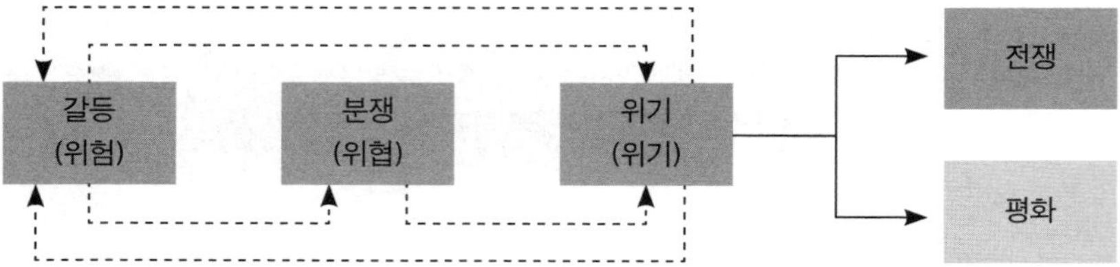


**〈그림 2-1〉 위기발생 과정**

출처: 조영갑, 『국가위기관리론』(성남: 선학사, 2006), p. 27 점선 수정해 제시

현대 국제관계에서 국가 간 갈등과 분쟁요인은 항상 존재하기 마련이며, 그것은 언제든지 상황변화에 따라 위기상황으로 확대될 수 있다. 따라서 위기발생의 변화과정에서 본질이해, 대응하는 위기관리전략을 효과적으로 수립해 대응함으로써 위기를 성공적으로 관리 · 극복하는 것이다.

통합방위의 위기관리를 연구하는 본 책은 위기의 발생과정을 다른 측면에서 볼 수 있다. 즉 국민의 생명과 재산을 위협하는 세력의 침투 및 도발은 예상하기가 어렵다는 측면이 있다. 남한과 북한과의 갈등은 늘 상존하는 가운데 예상하지 못하는 시간과 장소에서 침투 및 도발하는 북한의 행태를 보았을 때 위기를 예방하고 대비한다는 것은 결코 쉬운 일이 아니다. 또한 현재 한국의 통합방위는 위기발생 시 대응위주로 되어 있어 위기발생을 사전에 예방하고 대비하는 기능과 위기대응 후 복구하는 기능의 강화가 필요하다. 바로 이 부분이 본 책을 연구하는 중요한 이유 가운데 하나라 할 수 있다.

### 3) 위기의 유형

위기의 유형은 분류기준에 따라 매우 다양하게 구분될 수 있다. 이것을 안전보장의 개념구분에 따라 분류하면 '전통적 안보위기'와 '포괄적 안보위기'로 구분할 수 있다. 전통적 안보위기는 국외의 적대세력으로부터 주권과 영토가 위협 받는 위기이며, 포괄적 안보위기는 전통적 위기를 포함한 경제, 안전, 환경, 자연적 재난 등 포괄적 총칭이다. 대체로 전통적 안보위기는 한국의 현 상황에서 가장 큰 위협이 되고 있고 군사력 사용에 있어서 가장 밀접한 요인이 되고 있다. 다만, 북한이 이제까지 도발한 사례를 근거로 보았을 때 위기발생시마다 군사력 사용으로 조치된 것은 아니다. 따라서 북한의 위협을 전통적 안보위협으로만 인식하고 대응하기에는 제한이 있다. 바로 이러한 이유 때문에 포괄안보의 개념으로 북한의 위협과 도발을 인식하고 대비할 필요가 있는 것이다.

위기의 영역을 군사력 사용 여부에 따라 분류하면 '군사적 위기'와 '비군사적 위기'로 구분할 수 있으며 군사적 위기는 적으로부터 군사적 도발로 인한 위기이며, 비군사적 위기는 정치, 경제, 문화, 환경 등의 각종 재난으로 군사적 원인 이외의 문제로 인해 발생되는 위기를 말한다. 여기서 비군사적 위기는 국가핵심기반분야 위기와 재난분야 위기로 구분되며, 이를 표로 나타내면 〈표 2-3〉과 같다.

**〈표 2-3〉 위기의 영역 분류**

| 군사적 위기 | 비군사적 위기 | |
|---|---|---|
| 전통적 안보분야 | 국가핵심기반분야 | 재난분야 |
| • 국가 외교관계에 따른 위기 상황<br>• 적의 군사적 위협<br>• 전쟁, 폭동, 쿠데타, 테러 등 | 파업 및 태업, 원자력 사고, 해킹/사이버 테러, 전산망 파괴, 통신망 파괴, 주요 국가시설 화재/폭발, 주요 산업시설 화재/폭발, 주요 금융위기, 주요 시설에 대한 테러 등 | 가뭄, 지진, 화산폭발, 해일, 산사태, 냉해, 폭설/폭우, 태풍, 이상기온, 황사, 적조, 각종 공해, 생태계 파괴행위, 건물붕괴, 식량위기, 대형 교통사고, 산불 등 |
| 군사력 사용 | 군사력 미사용 | |
| '국가방위요소'의 통합된 운용 분야 | | |

출처: 김열수, 『21세기 국가위기관리체제론』(서울: 오름, 2005), p. 35 내용을 수정해 제시

위 도표에서 나타나듯이 전통적 안보분야 위기는 외부의 군사적 위협에 영토와 주권 등 국가생존을 지키는 것과 관련된 위기를 의미한

다. 이것은 또한 외교, 군사, 통일 분야에서 실제적인 적대국가의 위기와 주변국가 등 외부의 위기로 구분된다. 적대국가로부터의 위기는 군사력 사용으로 인한 위협 및 대량살상무기 개발과 확산이 있고, 외부로부터의 위기에는 한국과 주변국가와의 갈등, 테러 및 전쟁으로 인한 위협 등이 있다.

국가핵심기반분야 위기는 국가 경제 및 정부 핵심기능, 국민의 안위 등이 대규모 시위, 파업, 폭동, 테러, 재난 등의 원인에 의해 영향을 미칠 수 있는 인적, 물적, 기능체계가 마비되는 상황을 말한다.

재난분야 위기에는 자연재해, 인위재난, 질병 등으로 구분되며, 자연재해는 자연현상에 의한 대규모 피해로서 태풍 · 호우 · 홍수 · 폭풍 · 해일 등으로 인한 풍수해, 가뭄, 적조, 폭설 등으로 인한 기상재해, 해안침식 · 산사태 · 지진 · 화산 등으로 인한 지질재해 등이 포함되고, 인위재난에는 안전 요인과 인위 요인에 의해 발생하는 대규모 피해로 대규모 화재 · 환경오염사고, 교통 · 화생방 사고 등이 포함되며, 질병에는 전염병과 가축질병 등이 있다.

다만, 이 지점에서 국가핵심기반분야 위기발생의 주체가 적이라는 부분이 간과 되어 있는 문제가 있다. 이제까지 연구자들의 분류는 위 표와 유사하여 군사력 사용과 군사력 미사용이라는 구분으로 인식되어 왔다. 하지만 북한에 의한 해킹과 사이버테러, 이로 인한 전산망과 통신망 사용의 제한은 지속적으로 발생[25]되고 있다. 물리적인 침투 · 도발은 아니었지만 그 피해가 국민의 생명과 재산에 손상을 가져오는 결과를 초

---

25 2003년 1월 25일 인터넷 대란, 2009년 7월 7일 북한의 DDoS 공격. 2021년 7월 8일 국회 정보위에서 '한국원자력 연구원이 5월 북한 소행으로 추정되는 해킹에 12일간 노출되었다'고 보고되는 등 지속적인 침해 발생.

래하였다. 따라서 포괄안보적 관점에서 국가방위요소가 통합되어 운용되어야 하는 필요성이 대두되고 있다. 국가핵심기반분야의 위기가 북한이나 그 추종자에 의한 것으로 확인된다면 통합방위법에 근거하여 통합방위사태가 선포되고 국가방위요소가 운용되어야 한다. 또한 코로나19 위기 시 군(軍)에서 백신에 대한 경계와 수송을 제공하고, 각종 방역을 지원했듯이 재난분야에도 국가방위요소는 통합되어 운용되고 있는 현상을 반영하여야 한다.

### 4) 위기관리의 단계 이론

위기관리의 활동과 목표는 '총체적 위기관리 모형(comprehensive emergency management model: CEM)'으로 오늘날 많은 기관들이 채택하고 있는 것에 기반하고 있다. 이 모형은 재난을 연구한 학자(Petak,1985; McLoughlin,1985; Waugh,1994)들이 제시한 단계이다. 페탁(Petak)[26]은 위기관리를 4단계[27]로 아래와 같이 제시하였다.

- 예방(Prevention) 또는 완화(Mitigation): '사회의 건강, 안전 및 복지에 대한 위험이 존재하는 경우 어떻게 할 것인지 결정 및 위험 감소 프로그램 구현'
- 대비(Preparedness): '관내 및 타 기관과의 대응 간 중요자원 파악 및

26 William J. Petak: 남 캘리포니아 대학 교수

27 William J. Petak, "Emergency Management: A Challenge for Administration", Public Administrative Review Vol. 45. Special Issue (Jan, 1985), p. 3.

필요한 협약서 작성 등 인명구조 및 재난피해 저감을 위한 대응 계획 수립 및 긴급대응인력 양성'

- 대응(Response): '긴급지원 및 지원과 2차 피해 발생 확률 감소, 복구작업 문제 최소화'
- 복구(Recovery): '생명유지 시스템을 최소 운영 수준으로 되돌리는데 필요한 조기 복구 기간 동안 즉각적인 지원 제공, 지역사회가 정상으로 돌아올 때까지 지속적인 지원 제공'

이러한 4단계의 정의를 근거로 페탁은 위기발생시 미국정부와 조직 간, 이해당사자 간 해야 될 역할과 책임을 〈그림 2-2〉처럼 제시하고

| 구분 | | | 정부 간/조직 간/이해당사자 | | | | |
|---|---|---|---|---|---|---|---|
| | | | 연방 | 주 | 지방 | 지역 | 다른 이해당사자 |
| 위기(재난) 단계 | 위기(재난) 이전 | 완화 | 인위적 위기(재난)와 자연재해 발생 시 관리에 대한 역할과 책임 | | | | |
| | | 대비/계획과 경고 | | | | | |
| | 위기(재난) 이후 | 대응 | | | | | |
| | | 복구 | | | | | |

**〈그림 2-2〉 위기발생 시 역할과 책임**

출처: William J. Petak, "Emergency Management: A Challenge for Administration", Public Administrative Review Vol. 45. Special Issue (Jan, 1985), p. 4 그림 번역해 제시

있다. 여기에서 위기는 재난(desaster)으로 정리되고 있다.

위의 그림은 본 책의 제2장 제3절 분석틀을 구성하는 데 기본적인 아이디어를 제공하여 주었다. 페탁 교수의 그림은 위기관리의 단계와 위기(재난)발생 시 관련기관의 역할과 책임을 매트릭스 형태로 제시하고 있다.

### 5) 국가안보실의 위기관리 단계

국가안보실의 위기관리 단계인 예방 · 대비 · 대응 · 복구는 앞에서 언급한 미국의 총체적 위기관리 모형에서 도출한 것으로 판단된다.

따라서 본 연구에서도 국가위기관리지침에 근거하여 위기관리를 위기에 적절히 대응하여 위기로 인한 피해를 최소화하기 위한 활동으로서 예방 · 대비 · 대응 · 복구의 4단계로 구분하여 적용한다. 이와 관련된 내용은 〈표 2-4〉와 같다.

첫째, 예방은 위기가 발생하기 전에 위기 촉발요인을 제거, 또는 위기 요인이 표출되지 않도록 억제하거나 예방하는 단계이다. 따라서 예방활동은 위기에 따른 피해 감소 계획을 결정 및 집행, 전쟁이나 각종 재난으로부터 인간의 생명과 재산 등 피해의 정도를 감소시키려는 장기적인 활동 등을 포함해야 한다.

둘째, 대비는 위기 상황에서 수행해야 할 제반 사항을 사전에 계획하고 준비, 교육, 훈련을 함으로써 위기 대응 능력을 제고시키고, 위기 발생 시 즉각적으로 대응할 수 있도록 태세를 강화시켜 나가는 일련의 활동이므로 이는 위기관리 요소들 가운데 가장 많이 알려진 요소이다.

〈표 2-4〉 위기관리 단계별 개념

| 구분 | 개념 | 활동 |
| --- | --- | --- |
| 1단계 예방 | 위기 요인을 사전에 제거하거나 감소시킴으로써 위기 발생 자체를 억제하거나 방지하기 위한 일련의 활동 | 제도 개선 정책적 · 기술적 대안 강구, 취약점의 보완 · 관리 |
| 2단계 대비 | 위기 상황 하 수행해야 할 제반 사항을 사전에 계획 · 준비 · 교육 · 훈련함으로써 위기 대응능력을 제고시키고 위기 발생 시 즉각적으로 대응할 수 있도록 태세를 강화시켜 나가는 일련의 활동 | 위기대응책의 수립 및 점검, 자원의 확보 · 관리, 교육과 연습 · 훈련, 위기징후 감시 |
| 3단계 대응 | 위기 발생 시 국가의 자원과 역량을 효율적으로 활용하고 신속하게 대처함으로써 피해를 최소화하고 추가적인 위기 발생은 물론 위기가 확대 되는 것을 감소시키는 일련의 활동 | 초기 대응조직 및 비상대책기구의 가동, 응급대응 및 공조체제 유지 |
| 4단계 복구 | 위기로 인해 발생된 피해를 위기 이전의 상태로 회복, 평가 등에 의한 제도 개선과 운영체계 보완을 통해 재발을 방지하며 위기관리 능력을 강화하는 일련의 활동 | 복구자원의 투입과 원상회복, 위기관리 활동의 평가, 개선책 강구 |

출처: 국가안보실, 『국가위기관리기본지침』, pp. 19~24 정리

셋째, 대응은 위기가 발생했을 시 국가의 자원과 역량을 효율적으로 신속하게 대처함으로써 피해를 최소화하고, 2차 위기 발생 가능성을 감소시키려는 활동이다. 이는 위기가 발생할 경우에 위기관리에 따른 관계 기관들이 해당 분야 임무 및 역할을 수행하는 단계이며, 대비 활동과 연계하여 위기 피해를 최소화하고 확대 가능성을 줄이는 활동이다.

넷째, 복구는 위기로 인해 발생한 피해를 이전의 상태로 회복, 제도 개선 및 운영체계 보완 등을 통하여 재발을 방지, 위기관리 능력을 보완하는 사후관리 활동이다. 이는 피해영역 및 지역이 위기발생 직후부터 위기발생 이전 상태로 회복될 때까지의 장기적인 활동이다.

이러한 위기관리 제 단계에서는 각각의 위기상황에 따른 최적의 조

치를 위해 특정한 정책결정을 반드시 요구하고 있으며, 이는 가장 효과적인 대안 선택 또는 목표를 달성하기 위한 일련의 과정이다. 이러한 정책결정의 주요한 변수에는 의사결정자의 성격 · 가치관 · 사회적 배경, 조직목표, 조직의 구조적 특성 · 절차 · 관습 · 관례, 상황과 환경의 변화, 의사결정에 관련된 정보 등이 예방 · 대비 · 대응 · 복구별 의사결정 과정에 공통적으로 적용된다. 따라서 위기관리는 군사적 · 비군사적 영역을 떠나 동일한 개념 하에 조치되어야 한다.

### 6) 위기관리의 개념체계

사전적으로 위기관리는 위기(危機, Crisis)를 관리(管理, Management)하는 것으로, '천재(天災)나 인위적인 비상사태, 전쟁 따위의 위기 상황을 예방하고 그에 적절하게 대처해 나가는 일'[28]이라고 정의하고 있다.

4단계의 위기관리를 기준으로 위험 · 위기 · 재난관리 과정을 위험이 위기로, 위기가 재난으로 발전하는 과정에 따른 조직활동의 수준과 비교하면 〈그림 2-3〉과 같은 정리가 가능하다.

〈그림 2-3〉처럼 재난을 최상의 위기로 보는 것은 우리나라 법학자들의 견해이다. 본 책에서 연구하는 통합방위와 관련된 위기는 재난을 넘어선 전통적 안보위기를 포함하고 있기 때문에 광의의 위기관리 범주로 보는 것이 타당하다.

현대의 국제정세는 탈냉전으로 인하여 안보의 개념이 전통적 안보

---

28 국립국어원, 『표준국어대사전』(2022년 7월 14일 검색).

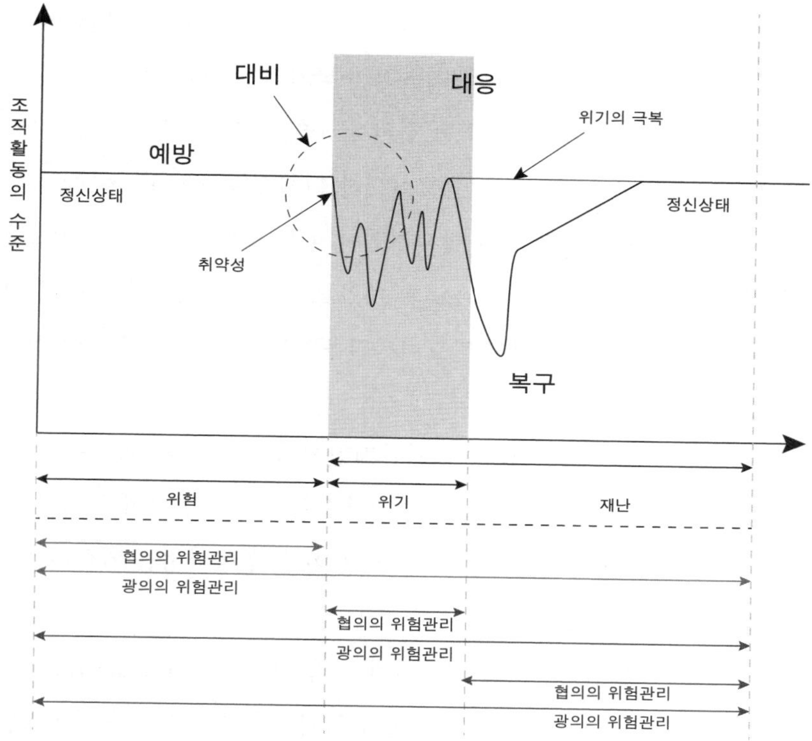


**〈그림 2-3〉 위기관리의 개념체계**

출처: 서재호 · 정지범, 『국가위기관리 입법론 연구』(파주: 법문사, 2009), p. 29.

에서 포괄적 안보로 변화하고 있으며 화해와 협력의 새로운 시대를 향하여 달려가고 있다. 그럼에도 불구하고 한반도는 여전히 북한의 노골적인 선군정치로 인하여 냉전의 유산이 현재하고 있으며, 아직도 전통적 안보위협에 노출되어 있는 상황이다.

2011년 12월 김정일의 갑작스런 사망으로 권력을 승계한 김정은은 2016년 1월 4차 핵실험, 9월 5차 핵실험, 2017년 9월 6차 핵실험과 장거리 미사일은 물론 ICBM[29], SLBM[30] 등의 발사로 군사적 도발을 자행함으로써 한반도 안보상황은 지속적인 국가적 차원의 위기관리 필요성에 당면하게 되었다. 특히, 최근 한미 공군의 연합훈련을 빌미로 다양한 미사일 도발을 자행함은 물론, 2022년 11월 2일 탄도미사일을 동해상 북방한계선(NLL) 이남으로 발사하면서 울릉도에 공습경보가 발령됐다. 영해(기준선에서 12해리 · 약 22km) 밖이었으나 탄도미사일을 속초 앞바다 쪽으로 쏜 것으로, 북한이 탄도미사일을 NLL 이남으로 발사한 것은 분단 이후 처음이다.[31]

국가안보실의 국가위기관리기본지침에서 '국가위기관리'는 '국가위기를 효과적으로 예방 · 대비하고 대응 · 복구하기 위하여 국가가 자원을 기획 · 조직 · 집행 · 조정 · 통제하는 제반 활동과정을 말한다'[32]고 정리하고 있다.

본 책에서 언급하는 국가위기관리는 미국의 '페탁(William J. Petak) 교수'가 제시한 위기관리 4단계의 이론과 국가안보실의 정의를 기본개념으로 논리를 전개한다. 그 이유는 포괄안보 관점에서 국민의 생명과 재산을 지키는 국가방위요소의 운용을 연구하는 본 책의 총괄적 관점과 위협인식에 대한 성격이 일치하기 때문이다.

---

29 Intercontinental Ballistic Missile (대륙간탄도미사일): 사거리가 5,500km 이상인 탄도유도탄으로, 주로 핵탄두를 탑재하기 위하여 개발되는 탄도 유도탄이다.

30 Submarine-Launched Ballistic Missile (잠수함발사탄도미사일): 전략 잠수함에서 발사할 수 있도록 개량한 탄도유도탄이다.

31 연합뉴스, "공습경보, 백령 · 대청도 발령 이후 6년 9개월 만… 울릉도는 처음"(2022.11.2.)

32 대통령훈령 제388호, 앞의 지침, 제2조(정의)

## 7) 위기경보

한국의 위기경보는 2004년 7월 국가위기 경보제도의 표준화를 도입하면서 시작했다. 위기경보 단계와 주요활동을 정리하면 〈표 2-5〉와 같다.

**〈표 2-5〉 위기경보 단계 및 주요 활동**

| 단계 | 상황 | 주요 활동 | 비고 |
|---|---|---|---|
| 관심<br>(Blue) | • 징후 최초 식별<br>• 활동수준이 낮음 | • 징후활동 감시<br>• 비상연락망 등 점검 | 예방단계 |
| 주의<br>(Yellow) | • 징후활동 비교적 활발<br>• 국가위기로 발전할 경향 | • 정보수집 및 공유<br>• 관련기관 협조체계 가동 | |
| 경계<br>(Orange) | • 징후활동 매우 활발<br>• 국가위기로 발전할 경향 농후 | • 주관기관은 계획 점검<br>• 관련기관과 대비 계획 점검<br>- 인원과 물자, 장비의 준비 | 대비단계 |
| 심각<br>(Red) | • 징후활동 매우 활발<br>• 국가위기의 발생이 확실시 | • 주관기관, 관련기관 즉각 대응 태세 확립<br>- 비상근무태세 유지<br>- 물자, 장비 배치 | |

출처: 국가안보실, 『국가위기관리기본지침』, pp. 15~16 '비고' 부분 추가하여 제시

위기경보는 '위기징후를 식별 또는 위기 발생이 예상되는 경우 그 위험수준, 발생 가능성 등을 판단하여 그에 부합되는 조치를 할 수 있도록 미리 정보를 제공하고 경고하는 것'[33]이라고 정의되어 있다.

관심 → 주의 → 경계 → 심각의 4단계로 운영 되는 국가위기경보

---

**33** 대통령훈령 제388호, 앞의 지침, 제18조(위기경보의 개념과 종류)

는 영국식 위기경보제도[34]를 모델로 하였고 위기 심각도의 표현 정도와 사용의 용이성, 다양한 위기상황에서 적용 가능성 등을 기준으로 검토하여 결정되었다. 위기경보의 발령은 순차적으로 발령될 수도 있고, 위기의 심각성 정도에 따라 이전단계를 거치지 않고 높은 단계로 바로 발령이 가능하도록 했다. 경보가 발령되면 관계기관은 모두 위기관리표준매뉴얼 및 위기대응실무매뉴얼의 경보단계별 조치사항에 따라 필요한 조치를 취한다.

다만, 최근 한국의 위기관리는 위기경보와 위기관리의 단계가 혼재가 되고 있어 개선이 필요한 부분이 있다. 즉 위기경보는 위기가 발생하기 전 예방과 대비가 핵심이다. 위기가 실제로 발생하면 위기경보의 효용은 끝이 난다고 봐야 한다. 이때에는 대응과 복구가 이루어져야 한다.

하나의 예로 코로나19 관련 위기경보 발령이 있다. 코로나19는 이미 발생하여 실제적 대응조치가 이루어지고 있는데 아직도 위기경보의 '심각'이라는 단계를 유지하는 것은 개선이 필요하다고 본다.

위기발생 이후에는 위기경보가 아니라 대응수준에 맞는 조치를 하는 것이 타당하다.

---

34 미국, 영국은 평시까지 포함하여 5단계를, 호주는 4단계로 운영 중이다. 미국의 경보체계는 LOW → GUARDED → ELEVATED → HIGH → SEVERE, 영국은 NEGLIGIBLE(LOW) → MODERATE → SUBSTANTIAL → SEVERE → CRITICAL, 호주는 VERY LOW → LOW → MEDIUM → VERY HIGH로 구성되어 있다.

## 3. 국가방위요소

### 1) 국가방위요소의 정의

국가방위요소는 통합방위법 제2조(정의)에서 등장한다. 통합방위법에서 '국가방위요소'란 통합방위작전의 수행에 필요한 다음 각 목의 방위전력(防衛戰力) 또는 그 지원 요소를 말한다.[35]

가. 「국군조직법」제2조에 따른 국군

나. 경찰청 · 해양경찰청 및 그 소속 기관과 「제주특별자치도 설치 및 국제자유도시 조성을 위한 특별법」에 따른 자치경찰기구

다. 국가기관 및 지방자치단체(가목과 나목의 경우는 제외한다)

라. 「예비군설치법」 제1조에 따른 예비군

마. 「민방위기본법」 제17조에 따른 민방위대

바. 제6조에 따라 통합방위협의회를 두는 직장

이와 같이 한국에서는 국가방위요소를 통합방위법에 명시하였다. 한편, 본 책 사례연구에서 제시하는 외국의 경우 '국가방위요소'라고 명시된 바는 없으나 '국민의 생명과 재산을 보장'하는 국가별 위기관리요소를 '국가방위요소'로 조작적 정의하여 연구하고자 한다.

한편, 국가방위요소라는 용어는 1995년 1월 1일 개정된 대통령훈령 제28호 통합방위지침에서 처음 사용되었다. 이때 개정된 훈령 제28

---

35 앞의 법, 제2조(정의) 2호.

호 제1조(목적)에 "본 훈령은 전 · 평시 적의 침투, 도발 등 위협에 대응할 수 있는 각종 '국가방위요소'를 통합하여 범국가적인 종합방위대책을 수립 · 시행하는 데 필요한 사항을 규정함을 목적으로 한다"라고 명시되어 있다. 1995년 개정된 훈령에서 처음 사용되었다고 확인할 수 있는 이유는, 직전 개정판인 1990년 훈령은 "적의 비정규전 능력과 활동에 대응할 수 있는 범 국가적인 종합대책을 수립 시행하는 데 필요한 사항을 규정함을 목적으로 한다"라고 되어 있다. 즉 1990년 훈령 28호 제1조 목적에는 '각종 국가방위요소를 통합하여'라는 부분과 '방위'라는 용어가 없다. 위 내용을 정리하면 〈표 2-6〉과 같다.

〈표 2-6〉 대통령훈령 제28호의 제1조(목적)

| 구분 | 내용 | 비고 |
|---|---|---|
| 1990년 대비정규전 지침 | 본 훈령은 적의 비정규전 능력과 활동에 대응할 수 있는 범국가적인 종합대책을 수립 시행하는 데 필요한 사항을 규정함을 목적으로 한다. | |
| 1995년 통합방위 지침 | 본 훈령은 전 · 평시 적의 침투, 도발 등 위협에 대응할 수 있는 각종 '국가방위요소'를 통합하여 범국가적인 종합방위대책을 수립 · 시행하는 데 필요한 사항을 규정함을 목적으로 한다. | 국가방위 요소 사용 |

출처: 대통령훈령28호, 『대비정규전지침』, 『통합방위지침』 제1조(목적)

한국은 1994년 12월 1일 부로 '한국군에 대한 평시작전통제권을 한미연합사령관으로부터 한국 합참의장에게 이양'[36]받으면서 대비정규전지침으로 존재하던 훈령의 제목을 '통합방위지침'으로 개정하였다. 즉 1967년 12월 15일 최초 제정된 대통령 훈령 제18호 '간첩봉쇄 대책'

36 장혁, 『한국의 국가안보정책 결정체계』(서울: 늘품플러스, 2021), p. 154.

부터 1995년 1월 1일 개정된 지침까지 대통령 훈령 체제였다.

그런데, 1996년 '강릉무장공비침투사건'을 계기로 '국민의 기본권을 제한하기 위해서는 법률로 정립되어야 한다'[37]는 교훈이 도출되어 훈령28호의 내용 중 법적 정립이 필요한 부분을 근거로 통합방위법을 제정하게 되었다.

### 2) 국가방위요소와 위기관리

1967년 12월 15일, 60년대 적 침투 · 도발 활동이 증가함에 따라 범 국가적인 종합대비책의 수립이 요구되어, 대통령훈령 제18호 '간첩봉쇄대책'을 제정하였다.

한편, 이 시기에 북한의 도발이 많았던 원인에 대해 북한 공작원 출신으로 연구논문을 작성한 김동식은 "1967년 5월 대남사업총국장 겸 대남비서로 임명된 사람은 현역 대장으로서 북한군 총정치국장을 역임하고 있던 허봉학이었다. 허봉학은 당시 민족보위상이었던 김창봉과 함께 김일성이 환갑을 맞는 1972년까지 통일을 달성하겠다는 '공로주의'에 사로잡혀 좌경 모험주의적 군사행동과 대남도발도 서슴없이 감행했다. 그들은 소위 '조국통일과 남조선혁명 전략계획'을 수립하고 그 실천행동으로서 1968년 1 · 21 청와대 기습 사건과 10월 말에서 11월 초의 울진 · 삼척 무장공비침투사건, 1969년 KAL기 납치사건 등을 주도했

---

37 통합방위본부, 『통합방위 실무지침서』(국군인쇄창, 2012), p. 7.

다"[38]고 언급한 바 있다.

1968년 1월 21일 당시 박정희 대통령을 시해하고 청와대를 폭파하기 위해 김신조와 그 일당들이 침투하는 1.21사태가 발생하게 된다. 이에 따라 1968년 2월 1일 합참본부에 대간첩대책본부를 설치하였다. 이후 1968년 7월 9일 유엔사에서 교전수칙을 변경하여 북한군이 DMZ 침범 시에는 한국군이 자체 대체하는 권한을 인수하게 되었다. 1968년 12월 20일 울진 · 삼척지구 무장공비 침투사건[39]을 계기로 대통령훈령 제18호는 대통령훈령 제24호 '대비정규전 능력강화 대책'으로 개정되었다. 1970년 1월 6일 대비정규전 일부 지침을 보완하여 대통령훈령 제24호를 대통령훈령 제28호「대비정규전 봉쇄지침 및 능력강화 대책」으로 개정하였다. 1982년 1월 12일 대통령훈령 제28호 '대비정규전 봉쇄지침 및 능력강화 대책'의 명칭을 '대비정규전 지침'으로 개정하였다.[40]

이상과 같이 북한의 끊임없는 침투 · 도발로부터 국민의 생명과 재산을 보호하기 위한 국가의 위기관리가 대통령훈령으로 작동되었고 대침투작전은 군이 주도하고 관련기관은 군의 작전을 지원하는 형태로 진행되었다.

1994년 12월 1일, 전략지시 제2호에 의거 평시 작전통제권이 미국으로부터 한국으로 전환됨에 따라 1995년 1월 1일, 대통령훈령 제28호 '대비정규전 지침'을 '통합방위지침'으로 개정하였다. 이때 국가방위요

---

38 김동식,『북한 대남전략의 실체』(서울: 기파랑, 2013) p. 221.

39 울진 · 삼척지구 무장공비 침투사건: 1968년 11월 120여 명의 북한 무장공비가 유격대 활동 거점 구축을 목적으로 울진 · 삼척지역에 침투한 사건으로 '반공소년 이승복' 어린이가 무장공비에 의해 무참하게 피살되었다.

40 통합방위본부, 앞의 책, pp. 6~7.

소가 최초로 규정에 반영되었다.

1997년 1월 13일에는 1996년 9월 강릉 잠수함 침투사건[41] 이후 민 · 관 · 군 · 경 통합방위작전을 성공적으로 수행하기 위해 국민의 권리 중에서 일부를 법률로써 제한할 필요성이 대두되어 통합방위법 및 시행령을 제정하였다. 그러나, 통합방위법에 근거하여 국가방위요소가 유기적으로 통합되어 적의 침투 및 도발에 대비하여야 하나 실제 제한이 있는 것이 현실이다. 이러한 작동의 제한에는 법규적인 부분과 주도하는 기관의 문제와 참여하는 국민들의 의식이라는 부분에서 위기단계별로 분석할 필요성이 제기된다.

### 3) 포괄안보와 통합방위

앞에서 고찰해 보았듯이 국제사회는 전통적 안보에서 이제 포괄안보로 관심의 영역을 확대하고 있다. 이것은 미국과 소련의 냉전구도가 해체된 국제적 여건과 밀접하게 관련된 것이고, 이런 이유가 아니더라도 국민의 생명과 재산을 위협하는 다양한 요소들(예: 코로나19, 전염병 등)이 많이 등장하고 있기 때문이다.

따라서 통합방위에서 말하고 있는 국가방위요소는 국민의 생명과 재산을 위협하는 모든 것에 대해서 서로 협력하고 통합하면서 작동되어야 하고 이는 국가의 위기관리 전 단계에서 유지, 관리되어야 하는 것이다.

---

41 강릉 잠수함 침투사건: 1996년 9월 18일 강릉해안에 북한의 특수공작원이 잠수함을 이용 침투하여 49일간의 대침투작전이 실시된 사건이다.

한국도 역사적으로 위기를 예방하고 대비하기 보다는 위기가 발생했을 때 대응하고 복구하는 데 많은 힘을 쏟아 왔다. 대표적 사례가 임진왜란과 6 · 25전쟁이다. 또한 그 이후의 많은 북한의 침투 · 도발에 대한 조치도 주로 대응 위주로 진행되었다는 것을 부인하기 어렵다.

### 4) 통합방위와 관련된 정의

본 연구와 관련하여 국가방위요소가 운용되는 통합방위와 관련된 정의를 확인해 볼 필요가 있다. 먼저, "통합방위"란 적의 침투 · 도발이나 그 위협에 대응하기 위하여 각종 국가방위요소를 통합하고 지휘체계를 일원화 하여 국가를 방위하는 것을 말한다.[42] "통합방위사태"란 적의 침투 · 도발이나 그 위협에 대응하여 갑종사태, 을종사태, 병종사태를 선포하는 단계별 사태를 말하며,[43] "통합방위작전"이란 통합방위사태가 선포된 지역에서 통합방위작전에 따라 통합방위본부장, 지역군사령관, 함대사령관 또는 지방경찰청장이 국가방위요소를 통합하여 지휘 · 통제하는 방위작전을 말한다.[44]

여기에서 정의하고 있는 "침투"란 적이 특정 임무를 수행하기 위하여 대한민국 영역을 침범한 상태를 말하고,[45] "도발"이란 적이 특정 임무를 수행하기 위하여 대한민국 국민 또는 영역에 위해를 가하는 모든 행

42 법률 제17686호, 앞의 법, 제2조(정의) 1호.
43 법률 제17686호, 앞의 법, 제2조(정의) 3호.
44 법률 제17686호, 앞의 법, 제2조(정의) 4호.
45 법률 제17686호, 앞의 법, 제2조(정의) 9호.

위를 말한다.[46] 또한 "위협"이란 대한민국을 침투 · 도발할 것으로 예상되는 적의 침투 · 도발 능력과 기도가 드러난 상태를 말한다.[47]

### 5) 통합방위사태의 선포

위의 정의에서도 살펴보았듯이 적의 침투 · 도발이나 그 위협에 대응하기 위하여 각종 국가방위요소를 통합하고 지휘체계를 일원화하기 위해서는 통합방위사태를 선포하여야 한다. 통합방위사태에는 '갑종 · 을종 · 병종'사태가 있다.

'갑종사태'란 일정한 조직체계를 갖춘 적의 대규모 병력 침투 또는 대량살상무기 공격 등의 도발로 발생한 비상사태로서 통합방위본부장(합참의장) 또는 지역군사령관의 지휘 · 통제하에 통합방위작전을 수행하여야 할 사태를 말한다. '을종사태'란 일부 또는 여러 지역에서 적이 침투 · 도발하여 단기간 내에 치안이 회복되기 어려워 지역군사령관의 지휘 · 통제 하에 통합방위작전을 수행하여야 할 사태를 말한다. '병종사태'란 적의 침투 · 도발 위협이 예상되거나 소규모 적이 침투하였을 때에 지방경찰청장, 지역군사령관 또는 함대사령관의 지휘 · 통제하에 통합방위작전을 수행하여 단기간 내에 치안이 회복될 수 있는 사태를 말한다.[48]라고 정의되어 있다.

---

46 법률 제17686호, 앞의 법, 제2조(정의) 10호.

47 법률 제17686호, 앞의 법, 제2조(정의) 11호.

48 법률 제17686호, 앞의 법, 제2조(정의) 6, 7, 8호.

통합방위사태의 선포는 지역군사령관이나 지방경찰청장이 을종사태나 병종사태에 해당하는 상황이 발생한 때에는 즉시 시 · 도지사에게 통합방위사태의 선포를 건의하여야 한다. 이때 시 · 도지사는 시 · 도 협의회의 심의를 거쳐 을종사태 또는 병종사태를 선포할 수 있다. 국방부장관 또는 행정안전부장관은 갑종사태에 해당하는 상황이 발생하였을 때 또는 둘 이상의 특별시 · 광역시 · 도 · 특별자치도에 걸쳐 을종사태에 해당하는 상황이 발생하였을 때나 둘 이상의 시 · 도에 걸쳐 병종사태에 해당하는 상황이 발생하였을 때에는 즉시 국무총리를 거쳐 대통령에게 통합방위사태의 선포를 건의하여야 한다.

이렇게 하여 '통합방위사태를 선포할 때에는 그 이유, 종류, 선포일시, 구역 및 작전지휘관에 관한 사항을 공고하여야 한다'[49]라고 명시하고 있다. 이렇게 통합방위사태의 선포절차를 법에 명시한 이유는 그 내용 중 국민의 기본권을 제한하는 내용들이 포함되기 때문이다. 적의 침투 · 도발이나 그 위협에 따라 통합방위작전을 전개할 때에는 "인명 · 신체에 대한 위해를 방지하기 위하여 필요한 통제구역을 설정하고, 통합방위작전에 관련되지 아니한 사람에 대하여는 출입을 금지 · 제한하거나 그 통제구역으로부터 퇴거할 것을 명할 수 있다"[50]고 명시하고 있다. 또한 통합방위작전의 전개에 따라 대피명령[51]과 검문소의 운용[52]을 할 수 있다.

이렇게 통합방위가 제대로 작동되려면 국가방위요소가 서로 통합되어 연계되어야 한다.

---

49 법률 제17686호, 앞의 법, 제12조(통합방위사태의 선포).

50 법률 제17686호, 앞의 법, 제16조(통제구역 등)

51 법률 제17686호, 앞의 법, 제17조(대피명령)

52 법률 제17686호, 앞의 법, 제18조(검문소의 운용)

# 제2절 선행연구 검토

앞에서 살펴본 바와 같이 탈냉전 이후의 국가위기관리는 포괄안보의 관점에서 전개되고 있다. 국민의 생명과 재산을 지키기 위한 국가위기관리와 통합방위 차원의 선행연구 박사논문은 4편으로 다음과 같다.

김선홍(2008)은 『한국의 군사 위기관리체계 연구: 통합방위체계를 중심으로』[53]에서 군사위기 관리라는 관점에서 현행 한국의 통합방위체계가 적실성이 있는지, 그리고 어떤 문제점을 갖고 있는지에 대해 체계적으로 검토한 후 새로운 안보환경에 타당한 한국의 통합방위체계를 어떻게 발전시키는 것이 바람직한지를 고찰하고 있다.

핵심내용은 첫째, 현행 한국의 통합방위체계가 어떤 발전과정을 거쳐 정립되어 왔는지 분석하고, 이를 토대로 통합방위의 실태를 체계적으로 분석 · 평가함으로써 주요 문제점을 도출하고 있다. 둘째, 9 · 11테러 발생이나 중장기적 한미동맹의 재조정 등과 같은 새로운 안보환경에

53 김선홍, 『한국의 군사 위기관리체계 연구: 통합방위체계를 중심으로』(가천대 박사학위논문, 2008).

부응하도록 통합방위를 발전시키기 위해, 타당한 통합방위체계의 발전적 모형을 도출하고, 이 모형을 토대로 개념적 · 구조적 · 기능적 차원에서 통합방위체계가 지향해야 할 방향을 제시하고 있다.

김선홍의 연구는 위기관리와 통합방위가 연계된 박사학위논문으로서 초기단계 연구결과로서 의의가 있다. 다만 군사위기관리라는 측면에서 통합방위를 연구했기 때문에 국가방위요소와 연계된 경찰이나 정부조직 등과의 관련된 분석이 없는 것을 논문의 한계로 지적할 수 있다.

주충근(2018)은 『국가위기관리의 통합성에 관한 연구: 천안함 사건과 세월호 사고를 중심으로』[54]에서 국가위기관리의 통합성 제고 방안을 제시하고 있다. '국가위기관리의 통합성'이란 국가위기를 효율적으로 관리하기 위해 국가위기관리 활동의 제반 노력의 통합(unity of effort)과, 시너지 효과(synergy effect)를 발휘토록 하는 것이다. 주충근은 국가위기관리체제의 통합성 실행 중점 5가지를 위기 인식과 리더십, 위기관리 정보유통, 위기관리 기구 및 조직 운영, 위기관리 정책실행, 위기관리 학습으로 선정하고, 각각의 요소에 대한 촉진 사항과 제한 사항을 식별한 후 이것을 국가위기관리 실증사례에 대입해 국가위기관리의 통합성을 천안함 피격 사건과 재난위기의 세월호 침몰 사고를 대상으로 심층 분석하였다.

이런 주충근의 논문은 국가위기관리의 통합성이라는 주제와 관련한 분석은 의미가 있으나, 위기를 전시대비와 평시대비로 구분해 접근함으로써 전 · 평시 연계된 통합관리가 연구되지 못한 아쉬움이 있다.

---

**54** 주충근, 『국가위기관리의 통합성에 관한 연구: 천안함 사건과 세월호 사고를 중심으로』(경남대 박사학위 논문, 2018).

문영기(2019)는 『9 · 11과 '파리' 테러 이후 군사개입 결정요인 비교 연구』[55]에서 테러사건의 파급효과가 군사개입 결정요인에 어떻게 작용하였는지, 그 결과 군사개입의 강도에 어떻게 영향을 미쳤는지를 분석하고 있다. 연구결과 테러사건의 유형적 피해규모보다 무형의 심리적 충격이 클수록 군사개입에 대한 파급효과는 커진다는 것을 제시하고 있다. 테러사건이 국가의 자존심 · 안보문제 등 사활적인 국가이익을 훼손하면 군사 개입 중에서도 강압 수준이 높은 외교정책을 선택할 가능성이 크다는 것이다. 연구자는 '우리는 북한이 주체가 되는 테러에 노출되어 왔고, 장차 테러가 촉발요인인 군사개입의 시나리오를 예상해 볼 수 있다'라고 언급하고 있다.

문영기의 연구 한계점은 테러발생 시 국민의 생명과 재산을 지키기 위해 관련기관과의 협조에 어떤 문제가 있는지, 특히 북한의 테러가 도발로서 통합방위 차원의 조치가 필요한 부분에 대한 연구가 부족한 면이 있다.

윤우섭(2020)은 『국가적 재난 시 긴급구조지원기관으로서 한국군의 역할 강화에 관한 연구』[56]에서 "국가적 재난 발생 시 우리 군은 긴급구조지원기관으로서 역할을 충족할 만한 전문성과 신속성을 동시에 갖춘 부대가 있는가? 국가적 재난 시 우리 군은 포괄적 안보 관점에서 그 역할을 수행해야 할 법적 책임이 있는가? 국가적 재난 시 군의 대응을 위한 재난관리 체계를 일관성 있게 발전시킬 군대 내 재난전문가가 있

55 문영기, 『9 · 11과 '파리' 테러 이후 군사개입 결정요인 비교 연구』(경남대 박사학위 논문, 2019).

56 윤우섭, 『국가적 재난 시 긴급구조지원기관으로서 한국군의 역할 강화에 관한 연구』(한남대학교 박사학위 논문, 2020).

는가?”라는 연구질문을 제시하였다. 연구결과 첫째, 외국의 재난관리체계와 비교해 볼 때 우리 군의 경우는 국가적 재난 시, 전문성과 신속성을 동시에 겸비해 긴급구조지원기관의 역할을 만족스럽게 충족시킬 전문부대가 없다. 둘째, 재난발생 시, 군 부대의 즉각 대응이 가능하게 하는데 필요한 법적 책임과 구속력이 부여된 법령이 없다. 셋째, 군 내 재난관리 관련 전문가가 절대적으로 부족해 재난발생 시, 체계적으로 대응하지 못하고 있다고 제시하고 있다.

국가위기관리에 있어서 통합방위의 범주를 적의 위협뿐만 아니라 국민의 생명과 재산을 지키기 위해 통합방위법을 개정하여 재난 등에도 준비해야 한다는 것, 그리고 구조를 위한 전문성이 있는 부대와 전문가를 육성, 준비해야 한다는 것은 설득력이 있다. 그러나 윤우섭의 논문은 통합방위법의 국가방위요소를 재난지원이라는 부분에 국한되어 분석하였다는 한계가 있다.

# 제3절 연구문제 및 분석의 틀

## 1. 연구문제

한국은 그동안 북한의 침투 및 도발에 대응하기 위해 지속적으로 법과 제도를 발전시켜 왔다. 그 결과 현재는 통합방위법에 근거한 통합방위제도를 운용하고 있다. 하지만 법과 제도가 구비되어 있음에도 불구하고 이것이 잘 작동되지 않는 현상이 발생하고 있다.

이런 관점에서 구조주의 이론으로 사회현상을 설명한 케네스 월츠가 제기한 2가지 질문은 국가위기관리에 대한 중요한 문제를 제기한다. 월츠는 '그 체제(제도)가 작동할 수 있도록 하는 것은 무엇인가?'와 '그 체제(제도)가 순조로이 작동할 수 있도록 하는 것은 무엇인가?'[57]라는 질문을 제기하고 있다.

이 질문에 대해 월츠는 '개인의 진취성이 체제의 동력이며 자유로운 시장 경쟁이 그 조정자 역할을 맡는다'라고 주장하고 있다. 즉 체제

57 케네스 월츠, 앞의 책, p. 126.

가 잘 작동되려면 개인의 자유와 진취성이 보장되어야 한다는 뜻이다. 하지만 어떠한 제도가 개인의 자유에만 맡겨진 가운데 잘 작동되기는 어렵다. 여기에 대해 월츠는 '자연 상태에서의 삶이 불가능함을 깨닫게 되면 인간은 개개인으로서는 얻을 수 없는 안보를 집단적으로 구하기 위해 국가에 의존하게 된다. 사회적 질서가 수립된 국가의 존재는 자연 상태라는 끔찍한 상황에서 벗어나기 위한 해결책이고, 홉스에게는 사회란 존재하지 않으며 오직 다루기 어려운 개인과 국가만이 양측에 각기 존재할 뿐이므로 국가가 반드시 강력한 힘을 가져야만 한다. 홉스는 자유(liberty)를 구속의 부재로 정의한 바 있지만, 인간이 자유를 부분적으로나마 누리면서 동시에 자신의 마음속에 크게 차지하고 있는 욕구, 즉 생명 유지의 욕구를 충족시키려면 자유의 일부를 희생할 수밖에 없다'[58] 라고 하면서 국가안보를 위한 국민의 자유를 일부 희생할 수 있음을 구조적 관점에서 제시했다.

이와 같이 체제가 잘 작동되기 위해서는 개인의 자유의지도 중요하지만 국가의 역할이 그 무엇보다 중요하다는 것을 알 수 있다.

이런 점을 염두에 두고 본 연구는 다음과 같은 3가지 질문을 제기한다. 첫째, 국가위기관리단계와 국가방위요소간의 작동이 되게 하는 것은 무엇인가? 둘째, 국가위기관리단계와 국가방위요소 간의 작동이 순조롭게 되게 하는 것은 무엇인가? 셋째, 국가방위요소가 통합되어 국민의 생명과 재산을 지키기 위해 법적보완이 필요한 것은 무엇인가? 이다. 이 3가지 질문에 대한 답을 마련하기 위해 분석의 틀을 제시한다.

---

**58** 케네스 월츠, 앞의 책, p. 125.

## 2. 분석의 틀

본 연구의 분석 틀은 페탁(William J. Petak) 교수의 위기관리(Emergency Management) 이론에서 도출하였다. 페탁 교수는 그의 논문에서 위기관리 4단계를 앞에서 설명한 〈그림 2-1〉과 같이 제시하였다. 그림에서 좌측은 위기(재난)의 단계로서 위기 이전과 위기 이후로 구분한 뒤 4개의 단계를 제시하고 있다. 우측은 위기를 관리하는 정부, 조직, 이해당사자를 나열하였다. 페탁 교수가 공공행정의 위기관리를 전문적으로 연구한 결과 위기관리에 있어 미국 연방정부와 주정부, 지방정부 등으로 나열하였다고 판단된다.

다만, 〈그림 2-1〉에서 좌측의 위기관리 4단계(A라고 지칭)와 우측의 위기를 관리하는 기관들(B라고 지칭)을 연결하는 '주요 영향요소'가 없다고 판단된다. 즉 A와 B의 관계 속에 주요 영향요소가 없다고 저자로서 도출하였다. 이 부분을 표시하면 〈그림 2-4〉와 같다.

따라서 페탁 교수의 그림을 근거로 발전시킨 본 연구의 분석틀은 〈그림 2-5〉와 같다.

〈그림 2-5〉의 분석틀에서 좌측은 국가위기관리(A라고 지칭)이고 우측은 국가방위요소(B라고 지칭)이다. A와 B 사이에는 '주요 영향요소'로서 관련법규, 주관기관, 국민의식을 설정하였다. 이러한 '주요 영향요소'에 의해 국가방위요소는 통합에 영향을 받게 된다. 위의 분석틀을 변인으로 정리하면 국가위기관리는 독립변인, 국가방위요소는 종속변인, 주요 영향요소는 조절변인으로 판단할 수 있다.

〈그림 2-5〉의 분석틀을 표로 정리하면 〈표 2-7〉과 같다.

<table>
<tr><th colspan="4" rowspan="2">구분</th><th colspan="5">정부 간/조직 간/이해당사자</th></tr>
<tr><th>연방</th><th>주</th><th>지방</th><th>지역</th><th>다른 이해당사자</th></tr>
<tr><td rowspan="4">위기(재난) 단계</td><td rowspan="2">위기(재난) 이전</td><td>완화</td><td rowspan="4">주요 영향요소?</td><td colspan="5" rowspan="4">인위적 위기(재난)와 자연재해 발생 시 관리에 대한 역할과 책임</td></tr>
<tr><td>대비/계획과 경고</td></tr>
<tr><td rowspan="2">위기(재난) 이후</td><td>대응</td></tr>
<tr><td>복구</td></tr>
</table>

**〈그림 2-4〉 위기발생 시 역할과 책임 및 '주요 영향요소'**

출처: William J. Petak, "Emergency Management: A Challenge for Administration", Public Administrative Review Vol. 45. Special Issue (Jan, 1985), p. 4 그림 수정하여 제시

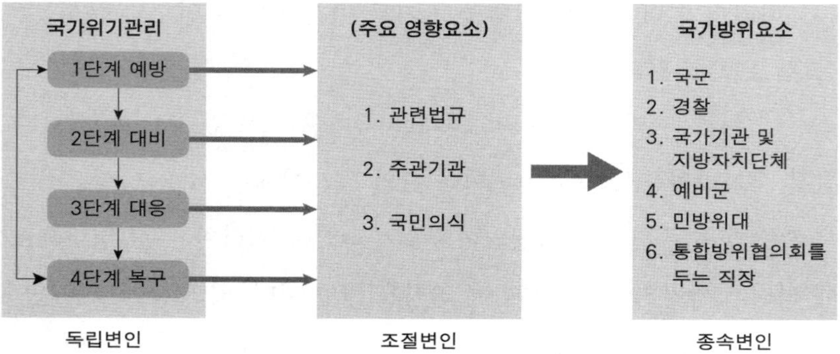


**〈그림 2-5〉 분석의 틀**

〈표 2-7〉 위기관리 단계와 국가방위요소

| 위기관리단계 (독립변인) | 주요 영향요소 (조절변인) | 국가방위요소 (종속변인) | 비 고 |
|---|---|---|---|
| 1. 예방 | • 관련법규<br>• 주관기관<br>• 국민의식 | ① 군 ② 경찰<br>③ 국가기관 및 지방자치단체<br>④ 예비군 ⑤ 민방위대<br>⑥ 통합방위협의회를 두는 직장 | 예방적 위기관리 (기획적 성격) |
| 2. 대비 | • 관련법규<br>• 주관기관<br>• 국민의식 | ① 군 ② 경찰<br>③ 국가기관 및 지방자치단체<br>④ 예비군 ⑤ 민방위대<br>⑥ 통합방위협의회를 두는 직장 | |
| 3. 대응 | • 관련법규<br>• 주관기관<br>• 국민의식 | ① 군 ② 경찰<br>③ 국가기관 및 지방자치단체<br>④ 예비군 ⑤ 민방위대<br>⑥ 통합방위협의회를 두는 직장 | 대응적 위기관리 (집행적 성격) |
| 4. 복구 | • 관련법규<br>• 주관기관<br>• 국민의식 | ① 군 ② 경찰<br>③ 국가기관 및 지방자치단체<br>④ 예비군 ⑤ 민방위대<br>⑥ 통합방위협의회를 두는 직장 | |

이 표는 국가위기관리 단계별로 '주요 영향요소'가 국가방위요소 간의 통합에 어떠한 영향을 주는지를 확인할 수 있는 양식을 제공한다. 따라서 제4절에서는 위기관리 단계와 국가방위요소 간의 관계의 기준을 정리한다.

# 제4절 위기관리 단계와 국가방위요소 간의 관계

## 1. 예방단계와 국가방위요소

### 1) 예방단계

#### (1) 국가위기관리 이론의 예방단계

예방단계는 위기가 실제로 발생하기 전 위기를 촉발시키는 요인을 제거, 또는 위기 요인이 표출되지 않도록 억제, 예방하는 단계이다. 예방단계의 활동은 가능한 한 위기의 원인은 제거, 재난이 발생할 가능성을 크게 감소시키는 방향으로 설정되어 있으며, 예방에 초점을 두고 있다. 위기 발생 이전부터 위기 촉발 요인을 제거, 가급적 위기 요인이 나타나지 않도록 예방 · 억제하는 과정인데 위험이 있는 곳에서의 활동 내용을 결정하고, 위험 감소 계획을 집행하며, 위험의 정도를 장기적인 관점에서 감소시키는 활동들로 구성되어 있다.[59]

---

**59** 이재은, 앞의 책, p. 240.

따라서 예방활동은 위기 피해 감소 계획의 결정과 집행, 각종 재난과 전쟁으로부터 국민의 생명과 재산 등 피해의 정도를 감소시키는 장기적인 활동 등을 포함해야 한다.

### (2) 통합방위 차원의 예방단계

국가위기관리에 있어 예방단계는 안보환경을 조성하고 외교안보 전략을 수립하며, 특히 통합방위차원에서는 국가방위요소가 잘 통합되어 '총력안보태세'가 유지되는 상태를 말한다. 이러한 상태가 되면 손자병법 제3편 모공(謀攻)에서 말하는 '싸우지 않고도 적을 굴복시키는(不戰而屈人之兵)'[60] 조건이 된다.

통합방위의 예방단계는 위의 기본적 이론을 바탕으로 국가방위요소가 어떻게 예방단계에서 준비, 작동되고 있는가를 말하는 것이다. 다만 통합방위의 출발이 1960년대 북한의 간첩과 무장공비의 침투 및 도발에 대응하는 '대간첩대책'에서 출발한 것에서 알 수 있듯이 위기관리의 단계 중 3단계인 대응적 성격이 강하다.

따라서 통합방위에서 제시하고 있는 국가방위요소의 예방적 성격과 구체적 준비에 대해 현재까지는 인식과 연구가 부족한 실정이다. 때문에 본 책에서 이 부분을 확인하고 그 중요성과 연계성을 도출한다.

---

60 손자, 김광수 해석 『손자병법』(서울: 책세상, 2012), p. 89.

### 2) 국가방위요소와의 작동관계

#### (1) 관련 법규

앞에서 제시한 〈그림 2-4〉 연구의 분석틀에서 국가위기관리 예방단계에서 주요 영향요소인 관련법규가 어떠해야 국가방위요소가 통합되는가를 확인하는 부분이다. 이와 관련하여 현재 한국은 위기관리가 개별법 위주로 되어 있기 때문에 통합된 조치가 제한되고 있다. 이 지점에서 국가위기관리 기본법의 필요성이 도출된다.

국가방위요소의 운용과 관련되어 통합방위법에서 '정부는 국가방위요소의 육성 및 통합방위태세의 확립을 위하여 필요한 시책을 마련하여야 한다'[61]고 명시하고 있다. 따라서 정부의 각 기관은 통합방위태세 확립을 위한 기관별 기능에 맞는 시책을 마련하여야 한다.

#### (2) 주관기관

예방단계에 있어 통합방위를 위한 주도는 어느 기관이어야 하는 부분이다. 이 단계에서는 국가방위요소 중 특히, 국가기관으로서 정부의 기능이 중요하다. 예방단계는 국가이익을 위해 외교 · 안보적 임무를 담당하는 국가기관과 연계된다. 이와 관련된 국가방위요소의 사무내용을 정리하면 〈표 2-8〉과 같다.

61 법률 제17686호, 앞의 법, 제3조(통합방위태세의 확립 등) 제1항.

<표 2-8> 예방단계 국가방위요소의 사무

| 구분 | 내용 | 비고 |
|---|---|---|
| 외교부 | 외국에 한국의 외교정책 홍보 | 국가기관 |
| 통일부 | 적의 침투 · 도발의 억제를 위한 대북정책 수립 | 국가기관 |
| 국방부 | 국방백서를 통해 투명한 군사력 유지, 운용 제시 | 국가기관 |

출처: 통합방위본부, 『통합방위 실무지침서』(국군인쇄창, 2012), p. 12 수정해 제시

### (3) 국민의식

국가위기관리와 연계된 국민의식은 당시 정부의 안보정책과 상관관계가 있다. 보수정부는 북한에 대한 대적관을 분명히 함으로 국민들의 안보의식이 상승하는 경향이 있다. 진보정부는 북한을 평화통일 해야 하는 대상으로 인식함으로 인해 국민들의 안보의식은 완화되는 경향이 있다.

예방단계에서는 이러한 정부의 안보정책이 국민의식에 가장 큰 영향을 미친다. 이때에는 적이나 위협세력에 대해 국민들이 대적관과 대비태세를 분명히 유지하는 것이 중요하다. 국민 모두의 '하나된 안보의식'이 요구된다. 특히, 국가방위요소 중 일반 국민들이 역할을 담당하는 예비군과 민방위대의 안보의식이 중요한 부분이다. 이 단계는 건전한 시민의식으로 '총력안보태세'를 형성해야 한다.

## 2. 대비단계와 국가방위요소

### 1) 대비단계

#### (1) 국가위기관리 이론의 대비단계

대비 단계의 활동은 위기 상황 대응을 위한 실제 운용 능력을 개발하기 위한 활동으로서 재난관련 영향이 임박했음을 알려주는 경보 기능과 위기관리의 효과성을 증진시켜 주는 활동의 두 가지 범주로 분류된다. 대비 단계는 위기 대응을 위해 미리 운영 능력을 개발하는 활동 과정이다. 때문에 위기 대응에 필요한 중요한 자원들을 사전에 확인하고 지역 내 · 외에 있는 관련 기관들의 협조 동의를 구하고 기능 등의 조정을 하며, 인명구조 활동가의 훈련을 포함하여 대응계획 개발 등의 기능을 수행한다. 또한 위기관리에 도움을 줄 경보체계를 포함하여 계획이나 기타 다른 수단들을 준비하는 기능이다.[62]

#### (2) 통합방위 차원의 대비단계

통합방위에서 언급하고 있는 대비단계는 통합방위를 위한 계획수립과 관련 국가방위요소별 준비, 교육, 훈련을 말한다. 현재 통합방위법에 근거하여 각 국가방위요소가 준비하는 대부분의 활동이 대비단계에 해당된다.

---

62 이재은, 앞의 책, p. 240.

### 2) 국가방위요소와의 작동관계

#### (1) 관련 법규

통합방위법에서 정의되고 있는 대비단계 관련 조항들은 다음과 같다. 제3조(통합방위태세의 확립 등) ①항 '정부는 국가방위요소의 육성 및 통합방위태세의 확립을 위하여 필요한 시책을 마련하여야 한다.' ②항 '각 지방자치단체의 장은 관할구역별 통합방위태세의 확립에 필요한 시책을 마련하여야 한다'고 언급하며 국가방위요소별 대비단계의 임무를 지정하고 있다.

#### (2) 주관기관

대비단계에서는 국가방위요소 중 특히, 군(軍)의 역할이 중요하다. 또한 중앙통합방위협의회 의장 역할을 맡은 국무총리와 국무총리실의 역할도 중요하다. 적의 침투 · 도발과 그 위협으로부터 대비를 전제로 하는 통합방위의 특성상 군이 주도하여 대비를 하고 나머지 국가방위요소는 지원하는 형태로 진행이 된다. 이와 관련된 국가방위요소의 사무 내용 중 주요한 부분들을 정리하면 〈표 2-9〉와 같다.

**〈표 2-9〉 대비단계 국가방위요소의 사무**

| 구분 | 내용 | 비고 |
|---|---|---|
| 통합방위본부(합참) | • 통합방위 정책의 수립 및 조정<br>• 통합방위 대비태세의 확인과 감독 | 군<br>(합참의장) |
| 국방부 | • 통합방위태세의 확립 관련 업무의 총괄 · 조정<br>• 중앙관서의 통합방위 관련 업무에 대한 협조 | 국가기관 |

| 구분 | 내용 | 비고 |
|---|---|---|
| 중앙행정관서 | • 소관 국가중요시설에 대한 방호대책 수립<br>• 통합방위작전 및 통합방위태세 위한 예산 지원 | 국가기관<br>(공통) |
| 교육부 | • 안보의식의 고취를 위한 각급 학교별 교육시행 | 국가기관 |
| 법무부 | • 교정시설과 보호시설의 자체 경비, 보안 | 국가기관 |
| 행정안전부 | • 민방위대의 육성을 통한 통합방위작전 지원<br>• 지역 통합방위협의회 운영에 대한 지도 · 감독 | 국가기관 |
| 국토교통부 | • 철도, 공항 등의 교통시설에 대한 경비, 보안 | 국가기관 |
| 국가정보원 | • 정보센터와 합동정보조사팀의 운용에 대한 조정 | 국가기관 |
| 지방자치단체 | • 국가방위요소의 효율적인 육성 · 운영 및 지원대책 수립 | 지방자치단체 |
| 지역군사령부 | • 지역단위 통합방위태세 확립 | 군 |
| 경찰청 | • 경찰 기본작전계획 수립 | 경찰 |
| 국가중요시설 | • 시설의 경비 · 보안 및 방호 책임<br>• 직무교육과 개인화기 실사격 훈련 | 국가중요시설 |

출처: 통합방위본부, 『통합방위 실무지침서』(국군인쇄창, 2012), pp. 12~17 수정해 제시

### (3) 국민의식

대비단계에 있어 국민의 안보의식도 정부의 안보정책으로부터 영향을 받는다. 국가에 위기가 발생하면 일반적으로 국민들의 생각은 하나로 결집되지만, 북한과 인접하고 있는 우리의 상황은 여건이 불리하다. 그 이유는 북한의 간접전략에 따른 심리적 침식으로 위기발생시 위기의 주체가 북한이냐 아니냐를 가지고 논란이 되는 경우가 있었기 때문이다.[63] 때문에 대비단계에 있어서는 국민들의 하나된 안보의식의 결집을 위한 노력이 필요하다. 국가방위요소로서 운용되는 군과 경찰, 예

63 천안함 폭침의 경우 북한의 도발이 명백함에도 국내적으로 많은 논란이 있었음.

비군은 물론 국가기관이나 지방자치단체 공무원과 민방위의 역할을 해야 하는 시민 한 사람 한 사람의 안보 공감대와 참여의식이 중요하다.

## 3. 대응단계와 국가방위요소

### 1) 대응단계

#### (1) 국가위기관리 이론의 대응단계

대응단계 활동은 위기 발생 직전이거나 위기상황, 위기 발생 직후에 생명을 구하고 재산상의 손실을 최소화하며 복구 활동을 개선하기 위해 취해지는 기능이다. 대응 단계의 기능은 위기 발생 시 위기관리 기관이 수행할 각종 임무 및 기능을 실제로 적용하는 과정으로 볼 수 있다. 대응단계는 예방 · 대비 단계와 밀접하게 연계되어 있기 때문에 위기 유형에 관계없이 위기관리의 전체적 차원에서 위기를 파악하고 대응하는 통합위기관리시스템 확립을 통하여 피해복구와 원조를 제공해야 한다.[64]

#### (2) 통합방위 차원의 대응단계

통합방위에서 언급하고 있는 대응단계는 적의 침투 · 도발이나 그 위협이 발생했을 경우 국민의 생명과 재산을 지키기 위해서 국가방위요

64 이재은, 앞의 책, p. 241.

소가 통합되어 운용되는 것이다. 이때 절차에 따라 '통합방위사태'를 선포하고 통합방위작전을 시행한다.

통합방위법이 제정되기 이전에는 대통령훈령 통합방위지침이 비문으로 되어있어 관계자들 외에는 세부내용을 확인하기가 제한되었다. 1997년 통합방위법이 제정된 이후에 국가방위요소별 통합을 명시하였지만 상황발생 시 실제적 작동은 원활하게 작동되지 못한 부분이 있었다.

### 2) 국가방위요소와의 작동관계

#### (1) 관련 법규

대응단계의 법규측면은 다른 위기관리 단계보다는 구체화되어 있다. 통합방위법령 제정 이전, 대통령훈령으로서 군이 작전을 주도하던 시기에는 훈령으로서도 대침투작전, 또는 통합방위작전이 작동되었다. 하지만 시대의 변화에 따라 시민의식이 향상되고 우리나라의 제도가 선진화 되면서 국민의 기본권을 제한하는 데 있어 법적 근거가 미비하다는 지적이 있어 통합방위법이 제정되게 되었다. 여기에서 언급되는 기본권 제한은 통합방위 작전간 진행되는 검문소 운용, 통제구역 설정 등에 따른 것이다.

#### (2) 주관기관

대응단계에 있어 주관기관은 통합방위본부, 즉 합동참모본부이다. 통합방위본부장은 현 합참의장이다. 1960년대 합참에 대간첩대책본부를 설치하고 운용하는 상황에 근거하는 조직이다.

대응단계 시 국가방위요소의 사무내용 중 주요한 부분들을 정리하면 〈표 2-10〉과 같다. 이 표에서 언급되지 않아도 대비단계에서 시행하던 사무들은 연속성 있게 대응단계에서도 작동되어야 한다.

〈표 2-10〉 대응단계 국가방위요소의 사무

| 구분 | 내용 | 비고 |
|---|---|---|
| 통합방위본부(합참) | • 통합방위작전 관련 상황 종합분석, 대비책 수립 | 군(합참의장) |
| 국방부 | • 대비단계의 주요사무 지속확인 | 국가기관 |
| 통일부 | • 통합방위사태 선포 시 대북정책 조정 | 국가기관 |
| 외교부 | • 통합방위사태 선포 시 적의 도발 외국에 홍보 | 국가기관 |
| 법무부 | • 통합방위작전에 따른 법률문제 자문 | 국가기관 |
| 행정안전부 | • 통합방위 병종사태 선포 시 경찰관할지역 총괄 | 국가기관 |
| 문화체육관광부 | • 통합방위작전지역 선무활동과 위문활동 등 시행 | 국가기관 |
| 방송통신위원회 | • 작전수행에 필요한 통신수단 지원 | 국가기관 |
| 보건복지부 | • 통합방위작전지역에서의 의료지원 | 국가기관 |
| 환경부 | • 통합방위작전지역에서 비상급수지원 | 국가기관 |
| 국가정보원 | • 대공정보의 생산, 전파, 보도 등에 대한 지원 | 국가기관 |
| 지방자치단체 | • 통합방위작전 지원대책 수립 및 시행<br>• 통합방위종합상황실 설치 · 운용 | 지방자치단체 |
| 지역군사령관부 | • 통합방위사태 선포 시 통합방위 작전 수행 | 군 |
| 경찰청장 | • 통합방위 병종 사태 시 경찰관할지역 작전수행 | 경찰 |

출처: 통합방위본부, 『통합방위 실무지침서』(국군인쇄창, 2012), pp. 12~17 수정해 제시

### (3) 국민의식

대응단계에 있어 국민의식은 다른 단계보다 더욱 중요하다. 적의 침투 · 도발과 그 위협으로 발생한 통합방위사태와 통합방위작전 간 시민들은 작전을 지원한다. 특별히 통합방위사태는 평시 적의 침투 · 도발

로 인한 경우로서 시민들의 신고정신과 작전협조는 중요하다. 특히, 예비군으로 소집되어 작전을 하거나 민방위대원으로서 역할을 하는 국민의 경우에는 직접적으로 작전에 기여하고 있다. 또한 통합방위작전간 통제구역을 설정하거나 주민소개(疏開)를 결정하였을 경우 잘 협조하여야만 작전의 성공이 보장된다. 작전간 긍정적 시민의식과 참여는 대응단계에 있어 더욱 중요하다고 볼 수 있다.

## 4. 복구단계와 국가방위요소

### 1) 복구단계

#### (1) 국가위기관리 이론의 복구단계

복구단계 활동은 위기 영향 직후부터 장기간 동안 계속된다. 복구조치의 목표는 재난 발생 이전과 같은 수준의 삶의 질과 지역사회의 물리적 부분을 복원하는 것이다. 전통적으로 복구는 짧은 기간의 구호와 사회복귀 조치, 장기간의 부흥 조치로 인식되고 있다. 즉 복구활동은 생존지원 체계와 관련된 것을 최소한 운영수준으로 복원하는 활동이자 정상생활로 복귀하게 하는 장기간 활동이며 오염통제, 잔해물 제거, 재난실업 지원, 임시 주거, 시설 복원 등이 있다.[65]

---

65 이재은, 앞의 책, p. 242.

### (2) 통합방위 차원의 복구단계

통합방위에서 언급하고 있는 복구단계는 상대적으로 구체화가 덜 이루어져 있다. 이제까지 통합방위는 대응에 집중된 면이 있고 복구단계는 정부기관과 민간의 영역으로 인식하고 있는 경향이 있다. 하지만 포괄안보시대로 전환되면서 복구단계 시 시민들의 삶과 연관이 있는 부분의 국가방위요소의 활동은 중요성이 높아지고 있다.

본 연구를 통해 적의 침투 · 도발이나 그 위협에 한정되어 있는 통합방위의 영역을 포괄안보의 개념으로 재난분야로 확대되어야 한다는 인식과 논리를 도출할 수 있다.

## 2) 국가방위요소와의 작동관계

### (1) 관련 법규

현재 통합방위법에서는 복구단계와 관련하여 일부분만 명시되어 있다. 통합방위법 제3조(통합방위태세의 확립 등) ④항에는 '정부는 통합방위사태의 선포에 따른 국가방위요소의 동원비용을 대통령령으로 정하는 바에 따라 예산의 범위에서 해당 지자체에 지원할 수 있다'라고 언급하며 작전 이후의 비용정산과 관련된 부분을 언급하고 있다.

하지만 최근의 대규모 재난이나 코로나19 관련 대응에서 국가방위요소별 연계된 업무는 진행되고 있지만 이와 연계된 기본법은 부재한 실정이다. 위기와 재난내용에 따라 주관하는 기관이 '행정응원'[66]을 근거

66 대등한 행정관청 상호 간에 직무 수행상 필요한 특정 행위 또는 일반적 협력을 다른 관청에

로 협조하고 있는데 지원적시성, 통합된 운용 등에 제한사항이 있다. 따라서 법적 발전을 위한 '국가위기관리 기본법' 제정이 필요한 상황이다.

### (2) 주관기관

복구단계에 있어서 주관기관은 국가기관과 지방자치단체이다. 복구의 영역은 실제 작전을 진행한 군과 경찰에도 해당되지만, 국민의 생활과 연계된 영역의 복구와 제도적 발전을 위해서는 국가기관과 지방자치단체가 주도되어야 한다. 복구단계 시 국가방위요소의 사무내용 중 주요한 부분들을 정리하면 〈표 2-11〉과 같다.

**〈표 2-11〉 복구단계 국가방위요소의 사무**

| 구분 | 내용 | 비고 |
|---|---|---|
| 법무부 | 통합방위작전과 관련된 국가배상업무와 국가를 당사자로 하는 소송 및 행정소송 업무 수행 | 국가기관 |
| 행정안전부 | 통합방위작전 유공자에 대한 포상 | 국가기관 |
| 보건복지부 | 통합방위작전 중 부상을 당하거나 사망한 국가방위요소의 구성원 외의 민간인과 그 유가족에 대한 지원대책 수립 | 국가기관 |
| 국가보훈처 | 통합방위작전 수행 중 부상을 당하거나 사망한 국가방위요소의 구성원과 그 유가족에 대한 보훈대책 수립 | 국가기관 |
| 지방자치단체 | 시민의 삶의 회복 관련 조치 | 지자체 |

출처: 통합방위본부, 『통합방위 실무지침서』(국군인쇄창, 2012), pp. 12~17 수정해 제시

### (3) 국민의식

복구단계에 있어서도 국민의식은 시민들의 자발적인 참여를 통한 복구를 위해 중요하다. 이 부분을 잘 연계시키는 국가기관과 지방자치

요구하는 경우, 이러한 요구에 응하는 협력행위를 말한다(행정학사전, 2009).

단체의 역할이 필요한 단계이다. 국가방위요소 중 민방위로 구성된 지역단위 조직의 활동이 요구된다.

# 제3장

# 위기관리 사례연구

# 제1절 한국의 강릉 무장공비 침투사건

## 1. 개요

최초의 통합방위사태가 선포된 의미가 있는 본 사건[1]은 통합방위법이 제정되기 이전의 적 침투사례이다. 이 사건을 조치하면서 대통령 훈령 28호로 작동되던 대침투작전에 문제가 있다고 식별하게 되었다. 즉 국민의 기본권을 제한하는 대침투작전이 법률에 근거하지 않고 대통령 훈령에 의해 작동되고 있다는 점이 인식된 것이다.

사건은 '1996년 9월 18일 01:17경 강원도 강릉시 강동면 안인진리 대포동 앞바다 50m 해상에서 북한 잠수함이 좌초된 채 제68사단 초병 근무자와 민간인 택시 기사에 의해 발견된 후, 제1군 사령부[2]는 군 예하 부대 및 작전통제 부대인 특전사 제1 · 3 · 5 · 9 특전여단, 항공사 예하

1 강릉 무장공비 침투사건은 통합방위법이 제정되기 이전, 최초로 통합방위사태가 선포된 작전이다.

2 강원도 지역을 담당하던 제1야전군 사령부는 국방개혁 2.0의 일환으로 지상작전사령부로 통합(2019. 1. 1.)되었다.

대대와 경찰, 예비군 등 제 작전 가용요소를 통합 지휘하여, 침투한 무장공비 25명을 작전 책임지역 내에서 일망타진 함으로써 종결된 대침투 작전임'[3]이라고 당시 작전을 주도했던 제1야전군 사령부가 편찬한 교훈집에 기록되어 있다.

이 사건의 작전기간은 1996년 9월 18일부터 11월 5일까지 49일간이다. 작전지역은 강원도 강릉시, 강동면, 성동면, 성산면, 왕산면 일대, 평창군 진부면 오대산 일대, 인제군 북면 용대리 일대이다. 작전 참가부대는 제1군사령부 예하부대로 제1군 직할부대와 제2 · 3 · 8군단이며, 작전통제부대로 특전사(1 · 3 · 5 · 9여단)와 항공사(8개 대대)가 투입되었다. 투입전력중 일일 투입병력은 42,056명(군:25,000명, 경찰:3,572명, 예비군:13,684명, 군견:53두)이며, 연 150만 명(군 114만 명, 예비군 28만 명, 경찰 8만 명)이다. 투입전력 중 기동장비(1일 평균)는 차량 1,589대, 헬기 60대이고, 감시장비(1일 평균)는 TOD[4] 4대, TOW[5] 야시경 10대, 휴대용 제논 64대, 가글 1,093대'[6]이다.

이 작전의 전과는 '적 침투인원 25명 중 사살 및 피살 24명, 생포 1명이고 노획품은 잠수함 1척 외 366종 4,380점이다. 아군의 피해는 43명으로 전사 11명, 부상 27명, 예비군 사망 1명, 민간인 사망 4명'[7]이다.

---

3 제1야전군 사령부, 『강릉 무장공비 소탕작전(교훈집)』(제7지구인쇄소, 1997), p. 5.

4 열영상장비(Thermal Observation Device), 생물과 물체의 적외선을 감지하여 영상 정보로 변환하는 장비.

5 토우대전차미사일(TOW: Tube-launched, Optically-guided, Wire-tracked missile).

6 제1야전군 사령부, 앞의 책, p. 5.

7 제1야전군 사령부, 앞의 책, p. 6.

## 2. 북한의 침투 목적 및 활동

북한의 침투 목적은 '유사시 대규모 무력 도발을 위한 사전 전투정찰 활동이며, 세부사항으로 비행장, 항만, 레이더 기지 등 주요 군사시설 정탐과 차후 중대한 대규모 도발을 시도하기 위한 사전계획 수립 및 가능성 탐지, 잠수함 등을 이용한 수중 침투방법 시험 및 여건확인'[8]으로 보고 있다.

침투한 북한군의 소속은 '인민무력부 총참모부 정찰국 직속 22전대 및 정찰조이고 편성은 25명[9]으로 잠수함 승조원 20명, 안내조원 2명, 정찰조원 3명이다. 장비는 공작원과 안내원은 아군의 M-16을 모조한 소총 각 1정씩, 브로닝 권총 각 1정, M26세열 수류탄 각 2발 등이고, 승조원과 전투원은 AK소총 5정과 66식 권총 5정, F-1세열 수류탄 21발'[10]이다.

적의 침투과정은 1996년 9월 14일 05:00 북한 정찰국장(상장 김대식)과 악수를 나눈 뒤 무장공비 25명(해상처장 포함)은 잠수함에 승선 후 남하 시작, 정찰조 3명은 별도 격리된 방에서 생활하면서 타 승조원과는 접촉을 금지한 상태하에서 이동하였다. 승선이후 항해는 순조로웠으며 잠망경으로 주변을 살피면서 엔진동력으로 남진하였고, 첫 관문인 군사분계선 통과 시는 잠망경을 내리고 엔진을 멈춘 상태로 통과하였다. 군사 분계선 통과 시 아 해군 함정 탐지파 감지 후 조심스럽게 침투하여

---

8 제1야전군 사령부, 앞의 책, p. 11.

9 이들의 계급은 대좌 1, 상좌 1, 중좌 2, 소좌 2, 대위 5, 상위 5, 중위 2, 소위 4, 미상 3명.

10 제1야전군 사령부, 앞의 책, p. 11.

강릉에서 8km 및 1km 떨어진 지점에서 잠망경을 올려 주변일대를 정찰하였다. 1996년 9월 15일 01:00 강릉해변(안인진리 대포동)에서 300~400m 떨어진 목적지에 잠수함을 정박하였고, 당일 20:00에 정찰조 3명이 육지에 침투 성공하였다. 1996년 9월 17일 21:00 안내조장이 파도가 높아 해안 가까이 잠수함을 이동시키라는 지시에 따라 잠수함을 후진하여 육지 쪽으로 접근 도중 파도에 휩쓸리면서 좌초 후 동일 23:50경 함정 내 주요기물을 소각, 파손 후 인근 야산으로 도주하였다.

## 3. 위기관리 단계와 국가방위요소의 작동

### 1) 예방단계와 국가방위요소

예방단계에서 관련법규, 주관기관, 국민의식의 주요 영향요소에 의해 국가방위요소와 작동된 결과는 안보환경 조성, 외교안보전략 수립, 국가방위요소 간의 통합된 결과로서 '총력안보태세'가 유지되는 것이다.

1996년 9월의 안보상황은 어떠했는지를 먼저 살펴볼 필요가 있다. 당시는 김영삼 정부시절로서 김영삼 정부는 노태우 정부로부터 이어온 남북기본합의서 및 비핵화선언이라는 유리한 환경과 북핵 위기 및 남북대화의 단절이라는 불리한 환경을 동시에 물려받았다. 이에 따라 집권초기 대북정책의 기본방향을 적대적 대결관계에서 화해와 협력의 장으로 남북관계를 이끌고 가겠다고 결정했다.[11] 따라서 1991년 채택된 남북기본합의서가 발효된 상황에서 남북한의 관계가 화해 협력의 단계를 거쳐 남북연합단계로 가고, 나아가 완성단계로 통일국가를 이룬다는 목표를 가지고 있었다. 자유민주주의 구현을 전제로 통일국가의 미래상은 민족 구성원 개개인의 자유와 복지 및 인간존엄성이 보장되는 민주국가를 통일의 기본철학으로 하였다.[12]

김영삼 대통령은 1994년 2월 25일 취임 1주년 기자회견에서 북한의 핵 투명성이 보장되면 정상회담이 가능하다는 종전의 입장을 벗어나서 "북한의 핵 개발 저지에 도움이 된다면 북한의 핵 투명성이 보장되기 이전이라도 남북 정상회담을 추진하겠다"고 밝힘으로써 남북과의 대화할 여지를 위해 노력하였다.

그러나 3월 1일부터 진행된 IAEA[13]의 핵 사찰이 성과를 거두지 못하고 3월 19일 제8차 남북간 실무 접촉에서 북한 대표 박영수가 '서울 불바다' 발언을 한 것과 더불어 미국이 유사시 영변을 폭파할 계획을 세움으로써 한반도의 긴장은 더욱 확산되었다.

결국 김영삼 정부의 대북정책은 초기 화해와 협력을 지향하는 적극적인 정책을 추진하였으나, 1994년 남북정상회담의 무산을 계기로 별다른 성과를 거두지 못하고 미북관계에 수동적으로 대응하는 소극적 정책으로 전환됨으로써 결국 대립관계를 유지하게 되었다.[14] 또한, '한

---

11 김영삼, 『김영삼 대통령 회고록』(서울: 조선일보사, 2001), p. 98.

12 김형기, 『남북관계 변천사』(서울: 연세대학교출판부, 2010), p. 195.

13 국제원자력기구, International Atomic Energy Agency (IAEA), 원자력의 평화적 이용을 위한 연구와 국제적인 공동관리를 위하여 설립된 국제기구.

14 전재호 · 정영철 외, "민주화 이후 보수정부의 대북정책 연구", 『한반도 정치론: 이론, 역사,

미안보협력기구인 SCM은 계속 운영했으며, 남북관계 개선을 위한 공식적인 남북대화기구는 설치하지 않았다.[15]

이러한 안보상황 가운데 통합방위차원의 국가위기관리 예방단계는 어떻게 준비되었는지 관련법규와 주관기관, 국민의식 측면에서 살펴볼 필요가 있다.

먼저, 법규 측면에서 통합방위는 당시 통합방위법이 제정되기 이전이기 때문에 대통령 훈령 제28호 '통합방위 지침'[16]이 있었다. 이 지침은 예방단계의 위기관리를 위한 내용보다는 대비와 대응단계 위주로 작성되었기 때문에 국가방위요소가 예방단계에서 작동되기에는 제한이 있었다.

주관기관 측면에서 국가방위요소 중 국가기관인 외교부와 통일부, 국방부의 주된 역할을 통해 안보환경을 우리나라에 유리하도록 조성하고 타당한 외교안보전략을 수립하여야 한다. 위의 기관이 다양한 노력을 했지만 앞에서 살펴본 것처럼 북한과의 원만한 관계 유지는 한계가 있었다.

국민의식 측면에서 우리국민들은 총력안보태세를 유지해야 한다는 생각은 있었지만 권위주의적 사회분위기에서 민주화과정에 있었기 때문에 안보의식은 높지 않았다.

---

전망』(서울: 선인, 2014).

15 장혁, 앞의 책, p. 147.

16 1995년 1월 1일, 전략지시 제2호에 의거 평시 작전통제권 전환('94.12.1.)에 따라 대통령훈령 제28호 '대비정규전 지침'을 '통합방위 지침'으로 개정하였다.

### 2) 대비단계와 국가방위요소

대비단계와 국가방위요소의 작동결과는 통합방위계획의 수립, 조직 구축, 교육훈련, 자원관리, 경보체제 및 통신망 구축 등이라 할 수 있다.

대비단계에서 당시 군(軍)에서 조치한 사항들은 다음과 같다. 우선, 적 침투 예상지역을 답사하고 침투 전문교육을 실시하였다. 군 · 경 · 관 합동팀 12명이 1995년 12월 19~22일까지 정동진리 등 10개소에서 동해안 침투 예상지역을 답사하고 현지토의를 실시하였다. 군 · 경 · 안기부 실무자 105명이 적 침투 전술 순회교육(1996. 1. 11.)을 진행하였다. 또한 잠수정 침투위협 분석 VTR을 제작하여 배포(1996. 9. 12.)하였다. 그리고 대규모 무장공비 침투 대비계획을 수립(1995. 12. 7.)하고 시행절차를 훈련하였다. 각 군단과 36사단은 작계 시행절차 지휘소훈련(1995. 12. 21.)을 하였고, 3군단과 2 · 11 · 27사단 연대장급 이상 지휘관은 오대산 탐색격멸작전 지휘소 기동훈련(1996. 3. 14.)을 실시하였다.

다만, 1996년 9월 당시 적의 침투 · 도발에 대비하는 태세는 통합된 계획으로 수립되지 않고 적에 대한 작전은 군의 임무였고 통합방위는 군사작전을 지원하는 성격으로 작동되었다.

이러한 가운데 통합방위차원의 국가위기관리는 어떻게 준비되었는지를 관련법규와 주관기관, 국민의식 측면에서 살펴보면 다음과 같다.

먼저, 법규 측면에서 통합방위는 대통령 훈령 제28호 '통합방위지침'이 대비계획의 가장 상위문서였다. 주관기관 측면에서 이 당시는 군에서 통합방위작전을 주도하였다. 통합방위사태를 선포한 강원도청은 지방자치제[17]를 시행하는 초기였다. 예비군은 지역별로 향방예비군이 관리되고 있었다. 경찰도 군의 작전에 잘 협조하는 상황이었다. 작전간 민방위체제는 주민신고를 독려하는 반상회가 열리기도 하였다. 정리하면 이때의 시대상황은 군에서 대침투작전을 주도하고 관련 기관들은 협조하는 형태였다.

국민의식은 김영삼 정부로서 이전 정부보다는 주인의식이 높아지는 가운데 시민들의 기본권에 대한 인식도 향상되는 시기였다.

### 3) 대응단계와 국가방위요소

대응단계와 국가방위요소의 작동결과는 적의 침투 · 도발을 격멸하고 국민의 생명과 재산을 지키는 것이다. 이 당시 통합방위차원의 국가위기관리 대비단계는 어떻게 진행되었는지를 관련법규와 주관기관, 국민의식 측면에서 살펴보면 다음과 같다.

먼저, 법규 측면에서 대통령 훈령 28호 '통합방위지침'이 대응단계의 구체적 작전기준으로 작동되었다. 작전진행 간 법률이 아닌 훈령으로 국민의 이동을 제한하는 검문소 운용과 통제구역 설정으로 대피명령을 내렸을 때 법적 문제가 있음을 식별하게 되었다.

주관기관 면에서 작전을 진행한 국가방위요소는 다음과 같다. 먼저, 군(軍)은 적의 침투도발에 직접적으로 대응하는 주관기관으로서 사건초기부터 작전에 투입되었다. 잠수함을 최초 식별한 것은 당시 68사

17 현행 지방자치제도의 본격적인 시작은 1995년 7월 1일로 본다(네이버, 백과사전).

단 173연대 2대대 5중대 이병 최성재[18]이다. 민간인은 강릉 대종운수 소속 택시기사인 이진규[19] 씨가 01:30분경, 동해방면의 승객 수송 후 강릉으로 복귀 시 동일지역에 잠수정으로 추정되는 미상물체를 발견하고 경찰에 신고하였다.

당시 제8군단과 68사단은 9월 18일 04:10에 초동조치로 강릉일대 진도개[20] "하나"를 발령하였다. 이에 따라 68사단 지역의 예비군이 작전동원되었고, 8군단 예하부대들은 원점 주변 차단선을 점령하였다.

이에 따라 제1군사령부에서는 강원도 전 지역에 05:00부로 진도개 "하나"를 발령하였다. 예비군 작전동원은 8군단과 68사단, 36사단 지역으로 확대되었다. 또한 차단선을 보강하고 종심차단선을 점령하기 위해 부대들이 출동하였다. 강원도 전 지역 통합방위사태 "을종"이 12:10분부로 선포되었다.[21] 이때 작전간 진행된 내용을 살펴보면 다음과 같다.

첫째, 군(軍)의 대응이다. 군은 초기 정확한 합신조 분석 및 정보판단을 하였다. 제대별로 신속한 합신조(정보분석조)가 분석활동을 하였다. 제68사단 173연대 정보분석조 및 연대장이 현장을 확인(9. 18, 02:45)하였고, 군단 합신조가 출동(9. 18, 05:30)하였다. 합신조의 판단결과 침투 무장공비의 규모는 11~20여 명이고 예상 은거지는 괘방산, 원점주변 해안 및 야산 일대로 판단하였다.

---

18 제1야전군 사령부, 앞의 책, p. 38.

19 당시 상황을 기억하던 경찰의 증언(〈이제 만나러 갑니다〉 225회 출연): 신고한 택시기사(37세)는 평소부터 신고정신이 투철하여 자주 경찰서를 방문했던 사람이며, 어두운 새벽 바닷가 도로를 택시 운행 중 우연히 바다에서 목격한 불빛을 보고 즉시 경찰서로 가서 신고했다.

20 '진돗개'가 아닌 고유명사로서 '진도개'로 표기.

21 제1야전군 사령부, 앞의 책, p. 39.

초동단계로 즉각 봉쇄선 구축 및 경계밀도를 증가하였다. 무장공비 예상도주로 및 거리 판단에 따른 3중 차단선을 설정(8군단 예하부대)하였고, 군 추가병력 조기투입(2 · 11 · 27사단, 702 · 703특공연대) 조치로 차단선 밀도를 증가시켰다. 헬기(UH-60) 23대 투입으로 기동성을 보장하고 항공정찰 활동으로 공비 사체 11구를 발견하였다. 이를 통해 8군단은 제한된 전투력을 가졌음에도 불구하고, 상황접수 후 8군단 예하부대로 신속한 3중 차단선을 점령함으로써 3차단선내에 6일간 공비를 고착시켰으며, 군의 즉각적인 예비대 투입 조치로 초전 3일 작전에서 공비 21명(84%)을 격멸하는 획기적인 전과를 가져왔다.

둘째, 효율적인 민 · 관 · 군 통합방위체제를 유지하였다. 먼저, 주민신고를 활성화하기 위해 신고 포스터 4종 155,000매를 작성하여 배포하였다. 신고자 포상금도 1,500만 원(1인당 3만 원 기준 시 500명분) 확보하였다. 포상금은 신고자 거주지에 직접 방문하여 전달하였는데 작전초기에 주민신고 409건이 접수되었고 작전에 활용이 되었다. 또한, 주민들은 통행금지에도 적극적으로 협조하였다. 통행금지는 9월 18일 최초에는 19:00~익일 06:00까지 8군단과 36사단 전 지역이었으나 9월 22일 조정하여 강릉, 주문진, 동해시 외곽지역은 20:00~익일 06:00까지, 기타지역은 22:00~익일 04:00까지였다. 방위지원본부 지원사항은 급식, 간식, 차량, 우의, 예산 등이었다. 민간병원 협조도 이루어져 부상자 치료, 공비시체 냉동보관 등이 진행되었다.

이 당시의 통합방위는 군(軍)이 주도하고 나머지 국가방위요소들과 시민들은 지원하는 관계였다. 특히, 통합방위법이 제정되기 이전 대통령 훈령 제28호로 통합방위가 작동이 되던 시기였고, 통합방위체제도 운용 초기 단계여서 군이 작전하는 데 제한되지 않았다. 지금은 민 ·

관 · 군 · 경 통합방위라고 언급하는 것이 상식적인데 당시의 문건들을 보면 군 · 관 · 민이라고 언급한 것만 보더라도 군주도의 작전이라고 이해가 된다.

즉 통합방위의 초기에는 통합방위를 통해 위기관리를 하는 측면보다는 군이 위기관리를 하고 나머지 국가방위요소는 군을 지원하는 것이 통합방위라는 인식이 지배적이었다.

셋째, 예비군 운용관련하여 대응단계 초기에 예비군 작전동원율이 저조하였다. 초기작전간 예비군 작전동원 응소율은 32.8%(9.19, 08:00 기준)였다. 작전동원령 하달시각은 강릉과 동해시는 9월 19일 04:00이고, 기타지역은 9월 19일 08:00였다. 저조한 이유는 주민등록지와 거주지가 상이한 지역자가 과다하여 타지역에 거주하는 인원이 35%였고, 작전동원 불응자에 대한 처벌 법규를 미인지 한 인원이 다수(76%)였으며, 강릉과 동해시 이외 지역의 작전동원 하령시간이 출근시간 전 · 후로 동원이 곤란하였다.

강릉 무장공비 침투사건 당시의 예비군 작전동원에 대해 세부적으로 확인해 보면 다음과 같다. 예비군 작전동원은 4단계에 걸쳐 진행되었다. 당시의 동원응소율 현황은 〈표 3-1〉과 같다.

**〈표 3-1〉 강릉무장공비 침투작전 시 동원현황**

(단위: 명, %)

| 구분 | 계 | 8군단 | 68사단 | 36사단 |
|---|---|---|---|---|
| 동원대상 | 49,529 | 8,031 | 21,302 | 20,196 |
| 응소 | 44,955 | 7,888 | 20,909 | 16,158 |
| 미응소 | 4,484 | 143 | 393 | 4,038 |
| 연 동원인원 | 287,940 | 58,788 | 173,205 | 55,947 |

출처: 제1야전군 사령부, 『강릉 무장공비 소탕작전(교훈집)』(제7지구인쇄소, 1997), p. 87.

먼저, 초기단계 동원(9.18~9.25)은 잠수함 침투 후 '진도개'"하나" 발령시기이다. 동원지역은 2, 3군단을 제외한 전 지역이었고, 36사단 횡성, 원주일대 동원은 9월 21일 12:00부로 해제하였다. 2단계 동원(9.25~10.2)은 원점지역 작전시기이다. 이때 36사단 지역은 동원을 해제하였고, 동원지역은 8군단, 68사단 전 지역(4개시 2개군)이다. 3단계 동원(10.2~10.9)은 노인산 지역 작전시기이다. 이때 68사단은 동해, 삼척지역 동원을 해제하였고, 8군단 전지역과 68사단 강릉지역은 동원하였다. 4단계 동원(10.9~11.5)은 오대산 지역 작전시기이다. 이때 36사단 평창, 홍천 5개면을 재동원하였다. 작전이 종료된 11.5일 18:00부로 전지역 동원을 해제하였다.

예비군 작전결과 불시 작전동원에 대한 자원결산이 소홀하여 장기 출타자의 미신고나 동원절차교육 미흡 등이 나타났다. 비상소집 전파체계도 미흡하여 대대에서 예비군 중대로 전파는 군용이나 일반전화를 사용하였으나, 예비군 중대에서 예비군 개인에게 전파는 일반전화, 지역 매스컴, 반상회보, 가두방송을 이용하였다. 다만 상근예비역 2~4명이 예비군 100~200명씩 공중전화로 연락하는 실태였다. 또한, 향방물자의 확보수준이 저조하여 소요대비 42.7%를 보유하고 있었고, 작전동원 참가 예비군의 보상책이 미흡하였다. 따라서 예비군 자원관리 강화가 필요함이 식별 되었다. 이를 위해 불시 작전동원 대비 자원결산을 병행하고, 장기 출타자의 신고체계를 확립하는 차원에서 출타전 예비군 중대에 신고하고 신고 접수대장에 유지해야 한다는 것도 도출되었다. 또한 동원지정 예비군도 향방소대 개념으로 편성 및 운용을 준비하여 평소 소대장을 임명해 두고 향방 훈련 시 작계 시행절차 훈련을 하여야 함을 확인하였다.

방위지원본부 급식지원 소요가 과다지출 되어 대비책이 요구되었다. 〈표 3-2〉에 당시 급식과 간식에 지출된 비용을 제시하였다.

〈표 3-2〉 급식과 간식 지출

(단위: 명, 만 원)

| 구분 | 계 | 급식 | 간식 |
|---|---|---|---|
| 인원 | 533,444 | 336,713 | 196,731 |
| 금액 | 14억 4,436 | 11억 4,927 | 2억 9,509 |

출처: 제1야전군 사령부, 『강릉 무장공비 소탕작전(교훈집)』(제7지구인쇄소, 1997), p. 104.

### 4) 복구단계와 국가방위요소

복구단계 시 국가방위요소의 작동은 통합방위작전간 발생된 군이나 경찰의 작전에 대한 분석과 대비책, 부대의 전투력 복원, 이재민 지원과 시설복구 관련된 부분이다.

본 사건과 관련하여 복구단계에 조치된 내용들은 다음과 같다. '첫째, 통합방위법 제정이다. 앞에서 여러번 언급되었듯이 국민의 기본권을 제한하는 요소들이 훈령으로 시행되는 문제점을 개선하였다. 둘째, 정보지원능력 향상으로 지역별 합신조 요원의 전문화 및 생존성 보장, 중앙 합신조 지원태세 확립, 정보 감시장비 확대 보급, 공중정찰 및 감시수단 보강, 민 · 관 · 군 통합정보지원태세 확립, 후방지역 작전 IPB[22] 발전 등이다. 셋째, 해상과 해안의 경계력 보강으로 감시장비 위주의 작전을 감시장비와 병력의 통합운용으로 전환하고, 예상 침투로에 대한 해양 환경요소 재분석을 하며, 동해안 책임부대의 편성과 구조, 감시장

22 IPB: Intelligence Preparation of the Battlefield (전장정보분석)

비 및 시설, 대잠전력을 지속적으로 보강했다. 넷째, 작전능력 향상을 위해 평시 상황보고 체제를 강화하고 초동조치 단계에서의 행동절차를 숙달하며, 차단선 설정개념 및 작전수행 방법을 숙달하고, 작전 지휘체제 단일화 및 지휘여건을 보장하며, 자발적 주민신고의식 함양 및 민·관·군 통합방위체제를 강화하고, 불시 예비군 작전동원 능력을 강화하였다. 다섯째, 교리 발전으로 대 해상 침투작전 교리에 적 잠수함 침투 대응개념을 반영하고, 합신조 및 정보분석조의 초기 대응교리를 구체화하며, 조명 및 장애물 운용교리를 개선하였다. 여섯째, 작전동원 관련 법규를 보완하여 동원 응소 예비군에 대한 보상과, 향토예비군 설치법 개정으로 작전동원방법과 응소기준시간을 명시하고 실비로 보상하며 지연응소나 무단 불참 시에 대한 처벌기준을 구체화하며, 언론통제 관련 법규를 제정하여 작전보장을 위한 효과적인 언론통제를 법규화하고, 야전군 '프레스 센터' 지원방안을 마련하였다.

## 4. 결과 및 분석

### 1) 법규 측면

본 사건은 통합방위법이 제정되기 이전 대통령 훈령 제28호 '통합방위지침'으로 대침투작전을 대비하려 했던 상황에서 발생했던 사례로서 작전진행간 많은 교훈을 남겼다. 특히, 국민의 기본권을 제한하는 각종 조치들이 법률적 근거 없이 시행됨으로 인해 통합방위법 제정의 당위성을 제기하게 된 중요한 사건이다. 대통령 훈령에 의해 조치된 통제구역, 통행금지 설정, 국민들에 대한 검문검색 등은 법률적 근거 없이 시행되고 있음에 대한 비난이 있었다.

이를 계기로 통합방위법이 제정되었다. 관련자료를 확인한 결과 통합방위법은 대통령 훈령 제28호의 내용 중 법률에 포함해야 할 요소들을 추출하고 검토하여 제정되었다는 것을 확인[23]할 수 있다.

### 2) 주관기관

본 사건은 대부분의 작전진행이 군(軍)에 의해서 주도되었다. 1960년대부터 대간첩대책의 일환으로 군에서 작전을 계획하고 경찰과 정부, 지방자치단체, 국민은 이러한 통제에 지원 · 협조하는 형태로 작전이 진행되었다.

본 책은 사례연구와 분석을 통해 통합방위의 성격변화와 주관기관의 위상변화를 도출하려는 목적이 있다. 따라서 본 사건을 조치하면서 군(軍) 외에 다른 국가방위요소의 통합, 법적 절차가 중요함을 인식하게 되었다.

---

23 통합방위본부, 앞의 책, p. 7.

### 3) 국민의식

이 당시는 김영삼 대통령의 문민정부 기간이었다. 이 시기의 국민안보의식을 설문한 자료에서는 '국민들의 안보의식 수준은 이전 정부(노태우 정부)와 유사한 패턴을 보여 주었다. 그러나 북핵 위기를 계기로 국방정책에 대한 국민들의 인식이 보수적으로 변화된 특징을 보인다. 이러한 국민들의 안보의식 변화는 국방비 증액과 주변국가와의 관계증진이라는 국방정책에 영향을 미쳤다'[24]라고 분석하고 있다. 즉 전반적인 국민안보의식은 북핵 위기와 관련하여 보수적으로 변화되었고, 강릉무장공비침투사건은 직접적으로 설문내용에 포함되어 분석되지는 않았다.

본 사건과 관련하여 국민의식은 양호하였다고 분석된다. 우선, 최초 신고는 평소에도 경찰서에 신고를 활발히 했던 택시기사 이진규 씨가 하였다. 또한 유일한 생포 무장공비인 이광수 씨의 검거도 주민신고에 의해서 이루어졌다. 다만, 통제구역을 설정하고 주민들의 입산을 금지하였지만 송이버섯 채취를 위해 입산하였던 주민 3명이 살해당한 것은 안타까운 일이다. 또한, 평시에는 시민이지만 상황이 발생하면 예비군으로 작전을 수행해야 하는 대부분의 주민들이 초기에 동원된 비율을 보면 매우 낮은 수준이었고, 전장군기가 지켜지지 않아 작전에도 많은 제한사항을 발생시켰다는 것은 보완해야 할 문제로 지적되었다.

---

24 김관호 · 김순태, 『국민 안보의식 변화에 대한 연구』(국방연구 제57권, 2014), p. 132.

## 5. 통합방위 측면 교훈

본 사례의 통합방위 측면의 교훈은 다음과 같다. 첫째, 통합방위법 제정의 필요성을 인식하게 되었다. 국민의 기본권을 제한하는 사항들은 법률에 근거하여야 한다. 그러나 이번 사례의 위기관리 당시에는 대통령훈령인 '통합방위지침'이었다.

둘째, 국가방위요소 간의 통합된 운용의 중요성을 식별하게 되었다. 통합방위지침에 '국가방위요소'를 정의하고 임무가 부여되었지만 실제 상황에서는 군과 경찰, 국가기관과 지방자치단체의 지원 등에 있어서 협조되지 못하고 통합되지 않은 문제가 발생하였다.

셋째, 예비군 운용의 문제점을 확인하고 보완하게 되는 계기가 되었다. 향방예비군의 초기 동원율이 낮아 작전이 제한되었다. 그것은 주소지가 최신화되지 않았고 관련인원들의 임무수행 준비도 미흡한 것이 원인이었다.

# 제2절 한국의 연평도 포격전

## 1. 개요

이 사례는 통합방위법이 제정된 이후 통합방위사태가 처음 선포된 사건이다. 앞서 살펴본 강릉 무장공비침투사건을 계기로 통합방위법이 제정된 배경은 확인하였다. 이에 따라 통합방위법과 시행령이 제정되고 법령에 근거한 통합방위를 준비한 지 13년이 경과된 후 본 사건이 발생하게 되었다.

2010년 11월 23일 오전 10시 15분에서 오후 2시 30분 사이에 해병 연평부대는 전구급 합동훈련의 일환으로 북방한계선 이남의 우리 해역 훈련구역에서 정례적인 해상사격훈련을 하고 있었다. 이에 앞서 11월 23일 오전 8시 20분경, 북한은 남북장성급군사회담 북측 단장의 명의로 "북측 영해에 대한 포 사격이 이루어질 경우 즉각적인 물리적 조치를 경고한다"는 통지문을 발송했다.

그러나 연평부대는 계획대로 3,657발의 사격훈련을 실시하였으며, 연평도 해병부대의 포격 훈련이 종료된 후 10분이 지난, 14시 34분에 북한은 개머리 해안부근 해안포기지에 있는 각종 포(76.2mm, 122mm, 130mm)를 이용해 연평도 해병부대 및 인근 민가를 향해 무차별 포격을 감행하였다. 이에 우리 군은 첫 피격을 받은 지 13분 후, 북한군 무도 포진지 및 개머리 포진지에 K-9 자주포 80여 발을 발사하였다. 또한, 우리 공군은 14시 38분에 KF-16 2대를 긴급하게 출격시키고, 이후에 추가로 KF-16 2대와 F-15K 4대를 출격시켰다. 그러나 북한의 공격이 더 이상 지속되지 않아 실질적인 타격은 실시되지 않았다.[25]

이 사건으로 연평도에 거주하는 해병대원 2명과 민간인 2명이 전사 및 사망하였으며, 해병대원 16명과 민간인 3명이 중경상을 입었다. 이밖에도 주택 25동은 불에 탔고 12동이 대파되었으며, 차량 3대와 컨테이너 박스도 여러 채 파괴되었고, 주민 1,700여 명이 대피소로 나누어 피신하였다. 이후, 연평도 주민들은 고령자 30여 명만 잔류하고 인천 등지로 피신하였으며, 12월 1일 20여 명의 주민만 연평도로 복귀하였다. 한동안 연평도는 군 통제구역으로 선포되어 주민들의 출입이 엄격히 통제되었다. 북한측의 피해는 40여 명이 사상한 것으로 확인되었다. 이번 사건은 북한의 한국 영토에 대한 군사적 포격으로 한국전쟁 이후 최초의 사건으로 한동안 국민들에게 전쟁 발발에 대한 불안감을 고조시켰다.

---

**25** 김광현, "연평도 포격전 전투사례를 통한 전장리더십에 관한 연구"(한국군사학논집, 제78호, 2022), p. 35.

## 2. 북한의 도발 배경 및 의도

북한이 천안함 폭침 도발(2010.3.26. 21:22)에 이어 민가가 있는 연평도에 직접적인 포격을 가하는 의도는 대내외적으로 복잡한 이유가 있었을 것이다. 그에 대한 이유를 아래와 같이 분석할 수 있다.[26]

첫째, 건강이 급속히 악화된 김정일의 후계자인 김정은 체제의 확고한 구축을 위해 한반도에 최고조의 군사적 긴장을 조성하기 위해서이다. 경험이 부족한 김정은을 군사지도자로서의 자질을 갖춘 인물로 포장하고, 북한 주민들의 충성심을 이끌어 내고자 하는 목적으로 이번 도발이 자행되었다. 이는 김정은은 북측에서 포병 전문가로 미화되고 있다는 점에서 그의 업적을 극대화하기 위한 것이라는 주장이 설득력을 얻고 있다. 선군사상을 앞세워 군사 독제체제를 공고히 하고 '청년 대장 김정은'의 군사적 업적과 위대성을 북한 주민들에게 각인시키기 위한 것으로 평가된다.

둘째, 대외적인 측면으로 천안함 폭침 이후 북한에 대한 미국, 유엔 등 경제적 제제 등에 강하게 저항하며 한반도에 긴장을 고조시켜 국제사회를 압박하여 북핵문제를 둘러싼 6자회담이나 미 · 북 직접접촉에서 유리한 위치를 점유하려는 의도이다.

셋째, 이명박 정부의 강경한 대북정책을 전환하여 친북화를 유도하고 남남갈등, 전쟁공포 분위기 조성 등 한국의 내부교란을 유도하기 위함이다. 북한은 이명박 정부의 남은 임기 동안 대화하지 않고 추가도발을 공언하면서 우리 정부에게 '치킨게임'을 시도하고 국론 분열을 유도

26 정수성, "서해 연평도 포격도발과 전시작전통제권 전환"(국회의원 정수성, 2010), p. 10.

하고자 하였다. 우리 정부가 기존 대북정책을 고수할 경우 추가도발을 통해 한반도의 긴장을 고조시켜 2012년 총선 및 대선을 혼란케 하고, 반면 우리 정부가 대북정책을 전환하여 남북 긴장이 해소될 시 북한의 핵무기 보유 묵인 및 김정은 후계 체제 인정이라고 대내외 선전에 활용하기 위함이다.

연평도 포격전은 김정은으로의 권력교체기에 돌입한 상황에서 군사적 경험이 전무한 김정은을 군사지도자로서 포장하기 위해 한반도의 긴장을 고조시켜 북한 군부와 주민의 결속을 도모하고 중국 등 대외적으로 공표하기 위한 것으로 분석된다.

## 3. 위기관리 단계와 국가방위요소의 작동

### 1) 예방단계와 국가방위요소

연평도 포격전과 관련된 예방단계의 국가방위요소 작동은 당시의 안보환경조성이나 외교안보전략 수립, 국가방위요소간의 통합의 정도를 확인하는 것이다.

당시의 안보환경은 남북이 지속적으로 대치하고 있는 상황이었고 특히 2010년 3월 천안함 폭침사건으로 북한에 대한 경계와 비난의 수준이 매우 높은 상황이었다. 외교안보전략은 방어적 위기관리전략이었다.

통합방위차원의 국가방위요소의 통합 정도는 높지 않았다. 그 이유는 북한의 도발을 억제하지 못하고 연평도에 포격도발이 발생하였기 때문이다. 연평도 포격전관련 한국 정부의 위기관리 4단계의 적용을 해석한 논문[27]에 따르면 '예방단계에서는 한국 내 감시자산인 위성장비와 공군정찰기 등을 이용하여 북한의 해안포 포격 상황 등을 수시로 감시, 분석하는 등 북한의 포격전에 대비하여 왔다'고 언급하고 있다. 즉 군사적 측면에서의 활동만 나타나고 있다.

### 2) 대비단계와 국가방위요소

대비단계 시 국가방위요소는 통합방위계획을 수립하고 조직을 구축하며 교육훈련과 운영능력을 개발해야 한다. 또한 원활한 협조체계를 구축하고 이를 위한 경보체제 및 통신망을 구축해 두어야 한다.

연평도 포격전 관련 한국 정부의 위기관리 4단계의 적용을 해석한 위 논문에 따르면 '대비단계에서는 북한의 포격전에 대비하여 사건 발생 당일도 연평도 부대에서는 우리 해역인 해상사격훈련구역에 정례적인 해상사격훈련을 하는 등 대비훈련을 강화하여 왔다'고 정리하고 있다.

당시 해병부대는 계획된 포격훈련을 통해 위기발생 시 대비하는 활동을 하고 있었다. 다만 나머지 국가방위요소는 이와 연계된 활동이 원활하지는 않았다고 판단된다.

---

27 김호중, 『한국 보수 · 진보 정부에서의 대북 위기관리전략에 관한 비교 연구』(한남대학교 박사논문, 2017), p. 156.

### 3) 대응단계와 국가방위요소

대응단계 시 국가방위요소의 작동은 본 책의 출발점이자 가장 핵심적인 사례연구 부분이다. 북한의 포격도발이 시작되었을 때 통합방위법에서 정의하고 있는 적의 도발이 발생한 상황이다.

연평도 해병부대는 북한의 연평도 포격전 직후 K-9 자주포를 이용하여 도발 원점인 무도 포진지와 개머리 포진지에 80여 발을 가함으로써 즉각적인 대응을 실시하였다.

정상적인 국가방위요소의 작동은 첫째, 적의 도발이 발생했을 경우 이를 인지한 군에서 권한 범위 내에서 경계태세를 위기수준에 따라 발령하고 군사적 조치를 취한다. 둘째, 이러한 위기상황을 전파 받은 경찰은 능력범위 내에서 군사작전을 지원하기 위한 활동과 주민들의 안전을 위한 조치를 취해야 한다. 셋째, 지방자치단체에서는 군부대의 지휘관의 건의를 근거로 통합방위사태의 선포를 위한 협의회[28]를 신속히 개최하여야 한다. 넷째, 통합방위사태의 선포내용에 따라 예비군이 동원되어 작전에 가담할 수 있다. 또한 피해의 정도에 따라 민방위대의 활동도 가능하다.

이러한 일련의 원칙적인 대응을 전제로 당시의 조치를 정리하면 다음과 같다. 첫째, 군은 이때 포격훈련 중이었고 북한의 도발에 따라 군 자체적으로 발령할 수 있는 경계태세1급[29]을 오후 3시 28분에 발령하여 절차에 따른 조치를 진행하였다. 둘째, 연평도의 경찰은 포탄낙하

28 통합방위법 시행령 제24조(통합방위사태의 선포 · 해제 절차 등).

29 통상 진도개'하나'라고 말하는 것으로 공식명칭은 경계태세 1급이다.

에 따라 주민들의 대피와 안전과 관련된 활동을 하였다. 셋째 연평부대장의 보고를 접수한 인천광역시는 위기상황에 따른 통합방위사태를 선포했다. 다만 선포의 시기가 상황발생으로부터 2시간 46분이 지난 오후 5시 20분이었다. 〈그림 3-1〉은 당시 인천광역시가 발령한 통합방위사태 공고문이다.

이와 같이 대응단계의 내용을 보면 국가방위요소의 통합이 평소 준비되었다고 하더라도 위기 발생 시 원활하게 작동하지 않아 군사작전에 제한이 있었고 주민들의 피해와 불편함도 많았다.

문제는 적의 포탄이 떨어진 곳이 군부대 지역만이 아니라 주민들이 생활하고 있는 관공서와 민가지역이라는 것이다. 이는 적의 도발로 국민의 생명과 재산이 위태로운 상황으로서 신속히 통합방위사태를 선

대한민국의 심장! 경제수도 인천!

인천광역시

수신자 국방부(합참)장관, 행정안전부(재난위기종합상황실장)장관, 인천광역시의회의장
(경유)
제목 통합방위사태(울종) 선포 및 공고문 보고(통보)

연평도 북한 포탄 공격에 따른 비상사태와 관련하여 통합방위법 제10조제5항, 제7항에 의거 인천지역에 통합방위 울종 사태를 2010.11.23(화) 17:20에 선포하고 공고문을 붙임과 같이 보고(통보)합니다.

붙임 : 통합방위사태(을종) 공고문 1부. 끝.

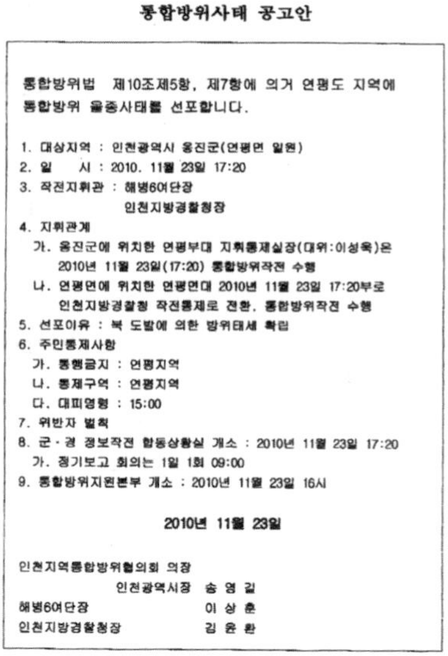

통합방위사태 공고안

통합방위법 제10조제5항, 제7항에 의거 연평도 지역에 통합방위 을종사태를 선포합니다.

1. 대상지역 : 인천광역시 옹진군(연평면 일원)
2. 일 시 : 2010. 11월 23일 17:20
3. 작전지휘관 : 해병6여단장
   인천지방경찰청장
4. 지휘관계
   가. 옹진군에 위치한 연평부대 지휘통제실장(대위:이성욱)은 2010년 11월 23일(17:20) 통합방위작전 수행
   나. 연평면에 위치한 연평면대 2010년 11월 23일 17:20부로 인천지방경찰청 작전통제로 전환. 통합방위작전 수행
5. 선포이유 : 북 도발에 의한 방위태세 확립
6. 주민통제사항
   가. 통행금지 : 연평지역
   나. 통제구역 : 연평지역
   다. 대피명령 : 15:00
7. 위반자 벌칙
8. 군·경 정보작전 합동상황실 개소 : 2010년 11월 23일 17:20
   가. 정기보고 회의는 1일 1회 09:00
9. 통합방위지원본부 개소 : 2010년 11월 23일 16시

2010년 11월 23일

인천지역통합방위협의회 의장
인천광역시장 송 영 길
해병6여단장 이 상 훈
인천지방경찰청장 김 윤 환

**〈그림 3-1〉 통합방위사태 공고문**

출처: 인천광역시 공문(2010.11.23.)

포하고 국가방위요소별로 통합된 가운데 일사불란한 통합방위작전이 진행되어야 했던 상황이다. 하지만 당시 통합방위사태 선포 권한이 있는 인천광역시장은 통합방위사태 선포를 2시간 46분이 지난 오후 5시 20분에 시행하였다.

통합방위사태의 선포가 지연되어 통제구역 설정이 늦어지므로 인해 포탄 낙하지역의 상황이 현장 주민에 의해 실시간으로 전송되어 작전의 진행이 방송으로 송출되는 등 문제가 발생하였다. 이는 군사작전의 작전보안이 준수되지 않은 것도 문제지만 이러한 방송을 북한이 실시간으로 볼 수 있음으로 인해 이후 작전에 심각한 문제를 발생시킨다는 것이다. 실제로 1996년 강릉 잠수함 침투사건 시 작전보안이 준수되지 않아 북한은 우리의 작전을 언론을 통해 파악하고 작전지시를 내리는 경우가 있었다.

또한, 지방자치단체의 위기관리 관련 업무를 담당하는 공무원의 경우 타 부서에 비해 중요도가 다소 떨어지는 업무의 성격과 위기, 재난 등의 업무를 통합해서 조치하는 관계로 통합방위사태 선포를 위한 심의의 절차와 관련준비가 미흡하였다. 인천광역시로 대피한 연평도 주민들의 대피생활 관련 지방자치단체의 준비, 민방위대의 역할도 보완이 필요하였다.

국방부와 합참은 연평도 포격전이 발생하자, 해병대 연평부대로 하여금 즉각적인 대응사격을 하도록 하였다. 또한, 공군으로 하여금 KF-16 4대와 F-15K 4대를 현장으로 출격시켰고, 전 비상전투기 전력을 출동 준비시키는 등 만반의 조치 및 대비를 지시하였다.

한국 정부는 23일 오후 2시 40분경 이명박 대통령이 청와대 지하벙커에 설치된 국가위기관리센터 상황실에서 상황과 관련한 회의를 진행하였다. 또한 이명박 대통령은 오후 8시 40분경 용산에 위치한 합동참모본부 지휘통제실에 방문하여 상황을 면밀히 지시하면서 주한미군 사령관 월터 샤프의 보고를 받고 "북한의 1차 도발에 응징했지만 또 한 번 도발하면 한 · 미가 힘을 모아 응징해야 한다"고 강조하였다. 또한, "행동은 평화를 지키고 인간의 생명을 지키는 데 정당성을 가진다. 한 · 미가 잘 협조해 주길 바란다"고 했다.

한편 김성환 외교부 장관은 대통령이 합참을 방문하는 동안 주변국 장관들과 전화 통화를 통해 북한의 대한민국에 대한 명백한 무력도발과 민간인에 대한 무차별 포격을 가한 것에 대해 설명을 하고 향후 한국과의 공조체제를 통해 책임 있는 역할을 해달라고 요청했다.

통일부는 11월 25일로 예정된 남북 적십자회담을 무기한 연기하고, 24일 개성공단으로 들어갈 우리 기업 관계자 495명의 방북을 불허하였으며, 한국 적십자사를 통해 지원하고 있는 수해지원물자 중 잔량 시멘트 7,000톤 등의 인도를 잠정 중단하였다.

이후, 이명박 대통령은 국지도발 시의 교전규칙에 대한 문제점을 개선하기 위하여 "국지도발 상황이 벌어질 경우 더 적극적인 대응이 가능한 방향으로 교전규칙을 수정할 필요가 있는지 검토를 하라"고 지시했다.

그러나 북한의 연평도 포격이라는 직접적 군사도발에도 불구하고 대통령의 초기 지시인 '단호하게 대응하라'는 지시와 '확전이 되지 않도록 하라'라는 상반된 지시로 군은 북한의 170여 발의 포격 대비 K-9자주포 80여 발밖에 대응을 못하였고, 출격한 공군 전투기가 아무런 타격을 실시하지 않고 복귀한 결과를 초래하였으며, 이는 군사적으로 제한된 대응을 하였다고 평가된다.

## 4) 복구단계와 국가방위요소

복구단계 시 국가방위요소의 작동은 통합방위작전간 발생된 군이나 경찰의 전투력 복원, 이재민 지원과 시설복구 관련된 부분이다. 통합방위사태의 해제는 〈그림 3-2〉처럼 12월 28일 18:00로 시행되었다.

복구단계에서는 공군 전투기 KF-16 2대를 긴급 출격시켰지만 추가적인 행동을 하지 않음으로써 위기상황으로 발전하지 않도록 하였다. 이후, 육상에서의 도발 원점에 대한 수배의 타격을 가할 수 있는 국지도

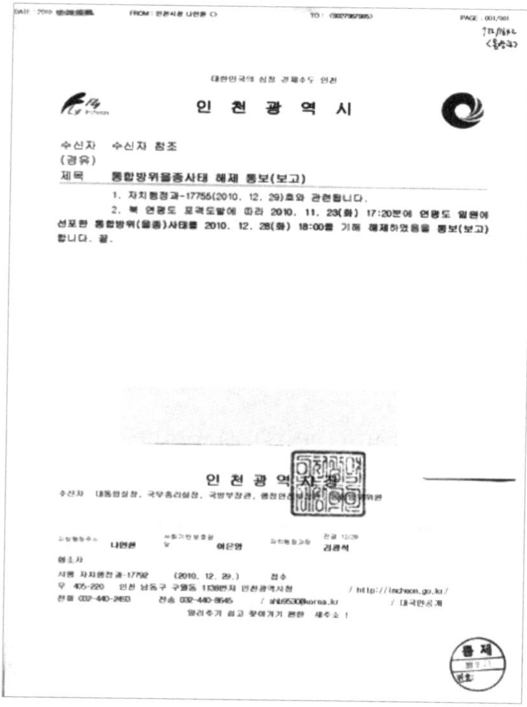

인 천 광 역 시

수신자 수신자 참조
(경유)
제목 통합방위을종사태 해제 통보(보고)

1. 자치행정과-17755(2010. 12. 29)호와 관련됩니다.
2. 북 연평도 포격도발에 따라 2010. 11. 23(화) 17:20분에 연평도 일원에 선포한 통합방위(을종)사태를 2010. 12. 28(화) 18:00를 기해 해제하였음을 통보(보고)합니다. 끝.

인 천 광 역 시 장

〈그림 3-2〉 통합방위사태 해제 공문

출처: 인천광역시 공문(2010.12.28.)

발 교전규칙을 보완하였다.

위와 같은 분석은 군사작전의 위기관리라는 측면에서는 타당한 면이 있다. 다만, 국가위기관리와 국가방위요소와의 작동이라는 통합방위적 관점으로 이해할 경우 국가 차원에서 예방과 대비, 대응과 복구단계에 보완할 사항이 도출되고 있다.

연평도 포격전 이후 군부대와 경찰의 전투력 복원은 여러 방면에서 진행되었다. 이재민 지원은 생각보다 시간이 오래 걸려 주민들은 3개월 뒤 연평도로 복귀하였다. 그동안은 인천의 찜질방이나 대체시설에서 기거하였다. 시설복구는 도발 이후 정부와 지자체의 통합된 노력속에 보완되었다.

## 4. 결과 및 분석

### 1) 법규 측면

본 사례는 통합방위법이 제정된 이후 처음 발생된 북한의 도발이다. 법 제정으로 작전을 진행하는 법적 여건은 나아졌지만 현장에서 실제적 작동은 되지 않았다. 구체적인 사례로 통합방위사태 선포가 상황발생 후 2시간 46분(상황발생 14:34, 사태선포 17:20)이 지난 후에야 통제구역이 설정됨으로써 작전현장에 민간인과 언론이 접근하게 되어 군사작전이 제한을 받은 것은 개선되어야 할 부분이다. 국민의 알 권리도 중요하지만 군사작전은 보안이 유지되어야 하는데 그러하지 못한 부분은 개선이 필요하다.

또한 국가방위요소 간의 통합을 법적으로 보장하였어도 실제적 작동은 원활하지 않았다. 본 책의 연구질문이기도 한데, 국가에서 법과 제도를 만들었지만 순조롭게 작동되지 않은 것이다. 그것은 법을 근거로 주관기관과 지원기관 간의 원활한 협조와 통합이 되었어야 한다는 것을 반증하는 것이다.

### 2) 주관기관

연평도 포격전 당시의 주관기관은 현장 작전은 해병대가 주도하였고 주민대피와 안전은 경찰, 인천지역으로 대피한 주민에 대한 지원은 지방자치단체인 인천광역시의 역할이었다. 특히, 통합방위사태 선포의 권한을 가진 인천광역시의 역할이 위기 초기에 신속히 조치되지 못한 부분은 보완이 필요한 부분이다.

이 부분에서 통합방위 제도의 작동과 관련 주관기관은 물론 지방자치단체장의 역할이 중요함을 제시한다. 국민의 생명과 재산을 지키는 국가안보는 공공재이다. 이 공공재의 유지와 발전을 정부에 위임한 채 지자체에서는 상대적으로 관심이 저조한 것이 현실이다. 최근 이태원 참사[30]의 사례에서 식별되듯이 이러한 부분에 대한 개선이 요구된다.

---

30 2022년 10월 29일 22시 15분경, 서울시 용산구 이태원동에서 발생한 대형 참사이다. 당시 이태원에는 핼러윈을 앞두고 많은 사람들이 몰려 있었으며, 해밀턴호텔 옆 좁은 골목길로 인파가 밀리면서 사상자가 다수 발생했다. 2022년 11월 27일 기준 사망자는 158명으로 남성이 57명, 여성은 101명으로 집계되었다. 외국인 사망자는 26명이며, 부상자는 196명으로 중상 31명, 경상 165명이다.

### 3) 국민의식

이 시기는 이명박 정부 기간이었다. 이 당시 남북간의 관계는 2008년 7월 11일 금강산 관광객 총격사망사건[31], 천안함 폭침사건 등으로 남북관계가 경색되고 있던 시기였다.

이때의 국민안보의식을 조사한 연구자료에 의하면 '일반 국민들의 안보의식 수준이 강화된 것으로 평가할 수 있다. 특히, 천안함 폭침사건이 있었던 2010년 조사결과에서는 국가안보에 위협을 줄 수 있는 국외요소에 북한의 군사적 위협이 지난 정부에서 18% 수준이었는데, 58%를 웃도는 수준까지 증가되었음을 알 수 있다'[32]고 분석하고 있다. 이 분석자료의 설문내용에는 11월에 발생한 연평도 포격전 상황이 포함되지 않았음에도 불구하고 국민들의 안보의식은 상당히 높아진 것을 알 수 있다.

본 사례의 상황이 진행되는 동안 현장의 무분별한 접근과 언론취재는 개선이 필요한 국민의식 부분이다. 하지만 인천광역시에 대피한 연평도 주민이 거주하도록 찜질방을 내어준 시민의식이나 각계각층의 지원은 시민의식의 발로라고 볼 수 있다. 한편, 이 당시 북한의 직접적 도발을 경험한 대부분의 국민들은 안보의식과 대적관이 높아졌다. 특히, 초 · 중 · 고교 학생들은 실제적 사례를 통해 북한의 호전성과 한반도 적화전략을 인식하는 계기가 되었다.

---

31 2008년 7월 11일, 북한 금강산 관광을 간 대한민국의 민간인 박왕자 씨가 조선인민군 육군 초병의 총격으로 사망한 사건(http://www.sisafocus.co.kr/).

32 김관호 · 김순태, 앞의 책, p. 136.

## 5. 통합방위 측면 교훈

본 사례가 주는 통합방위 측면의 교훈은 다음과 같다. 첫째, 통합방위를 위한 법규자체로는 위기상황 발생 시 국가방위요소간의 통합에는 제한이 있다. 강릉무장공비 침투사건을 계기로 통합방위법이 제정되고 통합방위의 법적 기준을 갖추었지만 국가방위요소 간의 통합적 작동은 한계가 있었다. 법적 완전성 구비는 기본이고 이와 연계된 주관기관과 국민의식의 통합이 필요한 이유이다.

둘째, 국가방위요소 간의 통합을 위한 평시부터의 협조와 훈련이 중요하다. 통합방위의 특성상 위기상황 극복을 주도하는 군과 경찰 외에도 국가기관과 지방자치단체의 역할이 중요하고, 이를 위한 주기적인 훈련 필요성이 식별되었다.

셋째, 지방자치단체의 통합방위관련 업무부서의 준비가 중요하다. 특히, 통합방위사태 선포를 위한 협의회의 준비와 심의진행, 공고문의 전파를 위한 평시의 준비가 필요함을 인식하는 계기가 되었다.

넷째, 국가기관과 지방자치단체에 위기관리 담당관이 필요하다. 이들의 역할은 국가방위요소가 원활히 통합되도록 조치하는 것이다. 현재 한국은 각 기관별로 위기가 관리되고 있고, 담당자의 업무 영역이 다양하여 실제적 대비가 제한되고 있다.

# 제3절 한국의 코로나19 위기관리

## 1. 개요

본 책에서 한국의 코로나19 위기관리 사례를 연구하는 것은 코로나19가 바이러스에 의한 전염병 재난이지만, 북한의 생화학 테러나 공격을 고려하였을 때 국가 위기관리 차원에서 국가방위요소 운용의 유의미한 결과를 도출할 수 있기 때문이다.

코로나19는 2019년 12월 중국 우한에서 처음 발생한 후 중국 전역과 전 세계로 확산된 호흡기 감염질환이다. 초기에는 원인을 알 수 없는 호흡기 전염병으로 알려졌으나, 세계보건기구(WHO: World Health Organization)가 2020년 1월 9일 해당 폐렴의 원인이 새로운 유형의 코로나바이러스(SARS-CoV-2, 국제바이러스분류위원회 2월 11일 명명)라고 밝히면서 병원체가 확인됐다.

중국 정부가 2020년 1월 21일 우한 의료진 15명 확진 판정, 코로나19의 사람 간 감염 가능성을 공식 확인했다. 이 의료진 감염 여부는 사람 사이의 전염을 판별하는 핵심 지표이다. 이후에 감염 확산세가 이어

지자, 1월 30일 WHO는 '국제적 공중보건 비상사태'(PHEIC)[33]를 선포했다. 그 이후에 코로나19 확진자가 세계적으로 속출하자 WHO는 3월 11일 홍콩독감(1968), 신종플루(2009)에 이어 사상 세 번째로 코로나19에 대해 팬데믹(세계적 대유행)을 선포했다.

WHO는 2020년 2월 11일 신종코로나바이러스감염증 공식명칭을 'COVID-19'로 정했다고 발표했다. 여기서 'CO'는 코로나(corona), 'VI'는 바이러스(virus), 'D'는 질환(disease), '19'는 신종 코로나바이러스 발병이 처음 보고된 2019년을 의미하고 있다. 2월 12일 우리 정부는 '신종코로나바이러스감염증'의 한글 공식 명칭을 '코로나바이러스감염증-19'(국문 약칭 코로나19)로 명명한다고 발표했다.

한국은 코로나19 사태 초기에 중국발 입국통제 부실 등 초동대응의 실패에 대한 아쉬운 점이 보인다. 마스크를 사기 위해 긴 줄을 서고도 구하지 못했던 혼란과 가짜 뉴스로 인한 혼란 등 국가위기관리의 문제점을 노출시켰다. 메르스, 신종플루, 구제역 등 우리에게 익숙하지 않으면서 새롭게 등장하는 질병은 우리에게 큰 공포의 대상이다. 특히 2020년부터 대한민국에 큰 영향을 미치고 있는 코로나19는 우리의 생명에 커다란 피해를 야기했고 국가적, 사회적으로도 막대한 경제적, 사회적 손실을 가져왔다.

본 사례연구를 통해 대한민국 감염병 위기관리 시스템에 대한 총체적인 점검과 코로나19 사태의 대응을 통해 나타난 국가위기관리의 문제점을 도출하려 한다. 특히, 북한의 생화학테러가 예상되는 상황에 있는 우리나라는 그 의미가 크다고 본다.

---

33 Public Health Emergency of International Concern (세계 공중보건 비상사태).

## 2. 코로나19 감염관리와 생화학테러 대비의 연관성

세계는 전통적 갈등요인인 영토, 인종, 종교 등으로 인한 안보위협이 지속되고 있고, 감염병이나 사이버위협 같은 초국가적 · 비군사적 위협이 증대되고 있다. UN 안전보장이사회에서는 안보위협 중에 감염병을 심각한 위협으로 인식하고 확산차단과 예방에 역량을 집중하고 있다. 2019년 중국 우한시에서 발생한 코로나19는 2022년 11월 10일 기준으로 605,324,724명의 확진자와 6,553,664명의 사망자가 나타났다.[34]

신종바이러스에 의한 전염병은 인류의 생명위협은 물론 관련 국가의 경제, 외교, 사회, 군사 등 모든 영역에 악영향을 미치고 있다. 또한 팬데믹이 자연발생적인지, 인위적 발생인지 확인이 제한되기 때문에 확산차단에 따른 국가별 제재와 통제는 상호 갈등요인으로 작용할 수도 있어서 전통적 안보는 물론 비전통적 안보를 포괄하는 차원의 인식이 필요하다.

역사적으로 자연발생적인 전염병의 생물 인자를 전쟁과 테러 등 다양한 목적 달성을 위해 계획적으로 사용한 사례가 다수 있는데, 일본 731부대가 세계 2차대전 중 중국에서 민간인을 상대로 생물무기를 실험한 것이 대표적인 사례이다. 1932년 일본은 만주사변 이후 세균전을 위해 육군 군의학교에 방역연구실을 만들고, 731부대는 대규모 생체실험을 위해 특수감옥을 만주 하얼빈 근교에 설치하여 생물무기 개발에 성공하였다. 그 후 1940년부터 중국에서 세균전을 감행하였다.

세균무기는 재래의 물리적 무기와 비교해 직접 살상효과를 포함하

34 코로나바이러스감염증-19 홈페이지, https://ncov.kdca.go.kr/(검색일: 2022.11.10.)

여 2차적인 감염을 포함한 간접적인 효과를 고려할 때 피해 범위는 더 넓고 장기간 지속된다. 또한, 신체의 파괴와 함께 생태환경 파괴를 동반, 그 피해 정도가 훨씬 더 심각하여 국제사회에서는 세계 제1차대전 후 1925년에 대량살상용 독가스 등 세균무기와 화학무기를 사용하지 않기로 제네바 국제협약을 체결하였고, 1972년에 대량살상무기 생산과 개발까지 금지하는 생물무기 금지협약을 체결하였다.

생물무기로 활용 가능성이 큰 국내 법정 전염병 기준 중 세균류 병원체를 살펴보면 바이러스류에는 천연두, 황열병, 옴 등이 있으며 독소류에는 보툴리눔, 리신 등이 생물무기로 사용될 가능성이 농후하다. 국방부의 자료는 북한이 현재 탄저균, 장티푸스, 황열병 등 13종[35]의 생물무기를 균체 상태로 보유한 것으로 추정하고, 한국국방연구원과 군 당국은 독소인 보툴리눔 등 5종과 병원성 세균인 페스트균, 콜레라균, 탄저균과 바이러스성 병원체인 천연두는 이미 무기화하였고, 탄저균은 치사율이 높아 무기화가 가장 유력시되는 작용제로 설명했다.

국방백서(2020)는 북한이 1980년대부터 화학무기를 생산하기 시작하여 현재는 대략 2,500~5,000t을 보유하고 있는 것으로 평가[36]하고 있으며, 자체적으로 페스트, 천연두, 탄저균 등 다양한 종류의 바이러스를 배양하고 생물무기로 개발할 수 있는 능력이 있는 것으로 평가하였다. 이러한 생물무기를 북한의 장사정포, 장거리 미사일, AN-2기를 이용하여 대한민국의 주요 도시의 인구 밀집지역이나 다중시설에 살포한다면 엄청난 피해를 가져올 것이다. 2017년에 발생한 북한의 김정남 암살사

35 콜레라, 페스트, 브루셀라, 탄저균, 장티푸스, 이질, 야토균, 발진티푸스, 보툴리눔 독소, 천연두, 신증후군 출혈열, 황열병, 황우 독소 등이 있다.

36 국방부, 『2020 국방백서』, p. 29.

건에서 이원화된 VX 신경작용제[37]를 활용한 사례는 북한의 화학무기 기술과 필요하면 언제든지 사용할 수 있는 가능성을 보여주는 대표적인 테러 사건으로 볼 수 있다.

## 3. 위기관리 단계와 국가방위요소의 작동

코로나19 상황은 2022년 11월 10일 현재까지 종료되지 않았다. 즉 위기관리 단계 중 예방, 대비, 대응, 복구단계가 중첩되어 있다. 국가위기관리 측면에서 국가방위요소가 어떻게 작동되었는지를 확인하는 것은 향후 예상되는 전염병 대응은 물론, 북한의 생화학 테러에 대응하는 데에도 의미가 있다고 본다.

### 1) 예방단계와 국가방위요소

한국은 2015년 메르스 사태를 경험하면서 감염병 관련 위기관리를 한단계 격상시킬 수 있는 기회가 있었다. 메르스는 2015년 기승을 부렸는데 치사율 34.4%의 무서운 감염병 이었다. 메르스는 미국과 유럽을 비껴갔지만, 사우디아라비아(452명) 다음으로 한국은 많은 사망자(38명)를 냈다. 2015년 6월 WHO가 한국에 보낸 평가단이 기자회견에서 "투

37 VX는 독성이 매우 강한 신경독의 일종이며 대량살상무기로 생산이 금지되어 있다.

명하고 신속한 정보 공개가 제일 중요했는데, 이게 한국이 초기 대응에 실패한 원인 가운데 하나"라고 콕 집어 지적할 정도로 망신을 샀다.[38]

이러한 경험을 바탕으로 우리 정부는 '정보공개'의 원칙을 배웠다. 또한 감염병과 관련된 법규와 병상을 준비하는 등 예방적 차원의 조치를 취해나가고 있었다. '감염병의 예방 및 관리에 관한 법률'의 개정을 일부 진행하였으며 메르스(MERS) 환자가 발생한 16개 병원을 집중관리병원으로 지정하였다. 또한, 메르스가 병원의 응급실로부터 슈퍼 전파가 시작된 것을 계기로 응급의료 진료에 대한 정책을 강화하기 시작했다. 이와 같이 정부기관과 관련병원의 준비, 법규의 보완이 있었다.

### 2) 대비단계와 국가방위요소

정부는 사스와 메르스의 경험을 바탕으로 감염병에 대비한 여러 가지 조치들을 준비하였다. 특히 2015년 메르스 사태를 경험으로 2016년 중앙통합방위회의[39]에서는 감염병에 대한 대비를 어떻게 할지를 두고 주제토의를 진행[40]하기도 하였다.

이와 관련하여 국가적 재난이 발생하였을 경우 군병력의 운용을 위한 통합방위법의 개정을 연구한 윤우섭의 논문을 통해 확인해 보았을

---

38 오마이 뉴스(2020.4.28.).

39 중앙통합방위회의: 통합방위시책의 국가방위요소별 추진 실적을 평가하고 통합방위태세를 확립하기 위하여 대통령 또는 국무총리 주관으로 매년 연초에 실시하는 회의.

40 당시 주제토의는 3가지였고, 북한의 시민을 향한 도발, 사이버 도발, 감염병 예방 관련하여 주제토의를 진행하였다.

때 질병관리본부에서 주도하여 여러 가지 제도들이 보완되었다. 감염병 관련 위기관리 기구도 이때 조직되었다.

### 3) 대응단계와 국가방위요소

한국 정부는 2020년 1월 27일에 네 번째 확진자가 발생하면서 감염병 위기경보를 경계단계로 격상, 중앙사고수습본부를 설치하여 관련 기관들과 공조체제를 유지하기 시작했다. 1월 30일 대통령 주관하에 범정부 대책을 논의, 해외유입 차단을 위한 방안을 강구하고 지역확산 예방을 위해 방역대책에 예비비 2조 원 투입을 결정하였다. 정부의 이러한 노력으로 인해 확진자 수가 확대되지 않아 조기에 종식될 것으로 기대하였으나, 대구 신천지교회를 통해 대거 확산되면서 2월 중순부터 지역사회의 전파를 넘고 결국 전국적인 감염자 수가 증가 되었다. 중앙재난안전대책본부는 급증하는 확진자에 따라 의료인력 및 병상, 물자 등의 확보에 총력을 기울였고 대구 · 경북지역을 특별재난지역으로 지정하는 등 사태 진정을 위해 노력하였다.

감염병에 대한 위기경보는 〈표 3-3〉에서와 같이 관심 · 주의 · 경계 · 심각 등 4단계로 구분하여 발령되었다.

**〈표 3-3〉 감염병 위기경보 단계 변화 추이**

| 관심단계 | 주의단계 | 경계단계 | 심각단계 |
|---|---|---|---|
| 2020년 1월 8일 | 2020년 1월 20일 | 2020년 1월 27일 | 2020년 2월 3일 |

출처: 중앙재난안전대책본부 발표자료를 참고로 재구성

우선 관심단계는 신종 감염병이 해외에서 발생 및 유행하거나 국내 원인불명 또는 재출현 감염병 발생 시 발령한다. 따라서 관심단계에는 감염병의 징후활동을 감시, 대비계획을 점검하는 활동을 하게 된다. 주의단계에는 해외의 신종 감염병 전파가 제한적일 때 발령하고 협조체제를 가동시킨다. 경계단계는 해외 신종 감염병이 국내 유입 후에 지역사회로 전파되거나 국내에서 원인불명 또는 재출연 감염병이 지역사회로 전파 시 발령하고 대응체제를 가동시킨다. 심각단계는 해외 신종 감염병이 전국적으로 확산징후 또는 국내 원인불명, 재출연 감염병이 전국적으로 확산징후가 있을 때 발령하며 대응역량을 총동원 한다.

우리 국방부도 정부의 이러한 대응에 발맞춰 여러 분야에서 공조하고 있으며 특히, 방역물자 수송 및 경계지원, 의료인력 파견, 국가 전담병원 지원 등 국가적 감염병 전파 예방에 최선을 다하고 있고, 현 상황을 준전시 상황으로 간주하여 대응하여 왔다.

### 4) 복구단계와 국가방위요소

코로나19 감염병이 발생하고 현재까지 만 2년 반이 지나고 있다. 국가위기관리 측면에서 대응단계로 지속적인 조치가 되고 있다. 코로나19의 감염정도에 따라 복구단계의 일환으로 정부의 정책과 지침이 변경되면서 탄력적으로 관리되고 있는 중이다. 그 대표적인 예로 관련된 법의 제 · 개정이 이루어지고 있고, 위기관리가 종료된 이후에 전개될 수 있는 교훈이나 기관별 보완도 병행되고 있다.

## 4. 결과 및 분석

### 1) 법규 측면

우리나라는 현재 감염병 관련하여 '감염병의 예방 및 관리에 관한 법률'이 있다. 이 법은 1954년 제정된 '전염병예방법'에서 출발한다.

코로나19 감염병이 확산된 이후 법이 개정된 부분을 살펴보면 다음과 같다. 식약처는 2022년 7월, '코로나19 치료제 · 백신 개발 상담사례집'을 개정하였다. 행정안전부는 2022년 4월, '코로나 등 국가재난 시 결원 없어도 공무원 임용 가능'하도록 법을 개정하였다. 공정거래위원회는 2022년 1월, '코로나19 장기화 등에 따른 대리점주의 애로사항 해소'가 포함되도록 개정하였다. 식품의약품안전처는 2021년 11월, '코로나19 치료제 등 개발 · 공급'에 따른 법률체계를 마련하였다.

### 2) 주관기관

코로나19와 관련되어 주관기관은 국가방위요소의 정부조직인 질병관리청이다. 질병관리청은 이번 코로나19 감염병에 대응하면서 보건복지부 산하 질병관리본부에서 질병관리청으로 승격[41]되었다. 코로나19 발생 초기 매일의 브리핑을 통해 코로나19와 관련된 투명한 정보공

---

41 2020년 9월 20일부로 승격, '방역 · 검역 등 감염병에 관한 사무 및 각종 질병에 관한 조사 · 시험 · 연구에 관한 사무를 관장하기 위하여 보건복지부장관 소속으로 질병관리청을 둔다.'(정부조직법 제38조)

개로 국민과의 소통이 원활함으로 안정적인 위기관리를 하는데 크게 기여하였다. 또한 지방자치단체의 역할과 지방자치단체의 보건소와 보건 인력들이 실제적으로 큰 역할을 하였다.

우리 군도 백신수송지원본부를 창설[42]하여 정부의 백신수송에 직접적으로 기여함은 물론, 각종 방역지원, 검사지원에 군 병력이 지원되었다.

백신수송지원본부는 "정부 부처 역량을 통합해 백신 유통의 전반적인 상황을 관리하고, 각종 위기를 예측 · 대응한 결과 부여된 임무를 완벽히 수행하는 성과를 거뒀다"[43]고 밝혔다. 다만 이러한 지원이 법적 근거에 의한 것보다는 행정응원이라는 형태로 지원되어 향후 법 개정을 통한 개선이 요구되고 있다.[44]

정부가 감염병 위기경보를 관심단계로 발령하면 국방부는 민간지원을 대비한 의무(의료, 방역 등)요원에 대한 교육을 하게 되어있다. 관심에서 주의단계로 상향 시, 재난대책본부 구성과 군 의무인력 및 시설 · 방역물자 지원에 대한 준비태세를 점검, 위기관리 주관부처와 협조된 상황조치를 한다. 경계단계 시에는 재난대책본부를 확대 편성, 관련 부처에서 군의 지원을 요청시 군 의무지원에 대한 제한사항을 검토하고, 지원 가능 여부를 판단 및 지원계획을 수립한다. 심각단계 시에는 범 정부적 대응체계로 전환되어 군의 추가 지원을 위한 가용자원을 파악하고 관련 부처에서 군의 지원을 요청시 사전 파악된 군내 가용자원을 이용

42 백신수송지원본부는 2021년 2월 17일 창설된 후 백신 유통 '컨트롤타워'로서 국민의 소중한 일상회복에 최선을 다했다. 2022년 12월 6일부 해체되었다.

43 국방일보, 2022.8.10, 1면.

44 육군본부, 『코로나19 대응백서 Ⅱ』(국방출판지원단, 2021), p. 제4장-6-4.

하여 지원하도록 되어 있다.

### 3) 국민의식

코로나19 감염병 대응과 관련된 한국의 국민의식은 세계적 수준이다. 우리 국민들은 정부의 방역지침을 충실히 준수하였으며 그 덕분에 심각한 확산을 방지할 수 있었다. 물론 이러한 방역지침 준수로 인해 자영업자들의 경제적 어려움이 있었고 이로 인한 시위와 정부의 정책마련도 있었다.

## 5. 통합방위 측면 교훈

본 사례의 통합방위 측면의 교훈은 다음과 같다. 첫째, 감염병 관련 재난이지만 북한의 생화학테러에 대비한 안보관련 위기로 전환하여 생각해 볼 수 있는 계기가 되었다. 하지만 이와 연계된 구체적 연구와 논의는 부족한 실태이다.

둘째, 국가기관과 지방자치단체의 구분된 역할을 정립하는 기회가 되었다. 국가기관인 보건복지부와 질병관리청은 주도적 역할을 하였다. 또한 군과 경찰의 수송과 경계지원도 있었다. 특히, 광역시도와 지방자치단체의 보건인력 준비 중요성이 부각되었다.

셋째, 군(軍)과 나머지 국가방위요소 간의 통합된 노력이 가능하도록 법적 완전성이 필요하다. 국민의 생명과 재산을 보장하는 역할에 있어서는 행정응원을 넘어 법적 지원이 이루어져야 한다.

넷째, 군부대의 감염병 전담부대 지정과 운용을 위한 준비가 필요함을 인식하는 계기가 되었다.

# 제4절 미국의 9·11테러

## 1. 개요

미국의 9 · 11테러를 연구 하는 이유는 미국에서 발생한 테러에 대해 미국이 어떻게 위기관리를 했는지 확인하고, 이를 통해 우리나라에서도 유사한 상황이 발생했을 때 어떻게 해야 하는지 확인하기 위함이다. 특히, 통합방위차원에서 국가방위요소[45]가 어떻게 작동되었는지를 확인할 수 있는 사례이기 때문이다.

9 · 11테러는 2001년 9월 11일 미국의 중심부인 워싱턴과 뉴욕 그리고 펜실베이니아 등지에서 일어난 인류역사상 최대의 항공기 납치 동시 다발 뉴테러리즘이었다.[46]

---

**45** 미국에서는 '국가방위요소'라고 명시하지는 않았지만 미국 국민의 생명과 재산을 지키기 위해 작동되는 요소들은 동일하다는 전제하에 사용한다.

**46** 위키백과사전에 의하면 9 · 11테러(영어: Semtember 11 attacks)는 알 카에다 테러리스트들에 의해 납치된 여객기가 2001년 9월 11일 미국 뉴욕 세계무역센터와 워싱턴 국방부에 자살 충돌한 사건과 미국 동부의 펜실베이니아에 추락한 사건을 말한다. http://ko.wikipedia.org/wiki/9%C2%B711_%ED%85%8C%EB%9F%AC(검색일: 2022.8.10.)

2001년 9월 11일 오전 08시 보스턴을 이륙하여 LA로 향하던 92명이 탑승한 아메리칸 항공(American Airlines 11편)소속 보잉 767기가 빈 라덴의 사주를 받은 아랍계 테러리스트에 의해 납치되어 뉴욕으로 향하였다. 이 항공기는 08시 48분경 뉴욕 맨해튼의 110층 세계무역센터(WTC) 쌍둥이 빌딩의 북쪽 건물 상층부에 충돌하면서 큰 폭발음과 함께 화재가 발생하였다. 또한 65명이 탑승하여 보스턴 로건 공항을 출발하여 LA로 향하던 유나이티드 항공(United Airlines 175편) 소속 보잉 767기가 09시 5분경 세계무역센터(WTC) 남쪽 건물에 충돌하면서 큰 폭발이 발생하였고, 이 건물은 09시 50분경에 붕괴되었다. 남쪽 건물이 붕괴된 지 30분쯤 후인 10시 29분경에 북쪽 건물도 폭발이 이어지면서 무너져 내렸다.

같은 날 세계무역센터 여객기 충돌 테러가 발생한 지 30분 후쯤인 09시 45분에는 64명이 탑승하고 워싱턴 덜레스 공항을 출발하여 LA로 향하던 아메리칸 항공(AA-77편) 소속의 보잉 757기가 워싱턴 D.C 소재 미 국방부 펜타곤 건물에 추락하였다. 백악관을 목표로 했던 것으로 알려진 추락기는 펜타곤의 서편을 뚫고 들어가 폭발하였다.

또한 같은 날 08시경에 45명이 탑승하고 뉴저지 주 뉴워크 공항을 출발하여 샌프란시스코로 향하던 유나이티드 항공(UA-93편) 소속 보잉 767기가 펜실베이니아 주의 피츠버그 시 남쪽 서머싯 카운티 공항 북쪽에 추락하여 폭발하였다.

9 · 11테러는 항공기 4대를 이용한 동시다발 자살 테러로서 일순간에 미국의 정치 · 경제 · 군사적 상징물들을 공격하여 2,749명이 사망하였고, 수천 명이 부상당하였으며 약 950억 달러의 재산 피해가 있었다. 참고로 2001년 10월 월간 『소방 2000년』에 실린 9 · 11테러 피해 현황을 소개하면 다음 〈표 3-4〉와 같다.

〈표 3-4〉 9 · 11테러의 피해 현황(2001.10.19 기준)

| 피해도시 구분 | 뉴욕 | 워싱턴 | 펜실베이니아 |
|---|---|---|---|
| 주요피해 | • 세계무역센터 2동 완파<br>• 항공기 2대 충돌 폭발<br>• 약 285,000명 실직 상태 | • 미국방부 펜타곤 부분파손<br>• 항공기 1대 충돌폭발 | • 항공기 1대 추락 폭발 |
| 사망자 | 456명(항공기 탑승자 157명 전원 포함) | 125명(항공기 탑승자 64명 전원 포함) | 125명(항공기 탑승자 45명 전원 포함) |
| 부상자 | 8,786명 | | |
| 실종자 | 4,613명 | | |
| 잔해물 제거 | 전체 14백만 톤 중 339,047톤 | | |

출처: 정지범 편저, 『국가 종합위기관리』(파주: 법문사, 2009), p. 514 수정 후 제시

9 · 11 테러의 시간대별 상황은 아래 〈표 3-5〉와 같다.

〈표 3-5〉 9 · 11테러의 시간대별 상황과 국가방위요소의 작동

| 시간 | 조치사항 | 국가방위요소 |
|---|---|---|
| 07:58 | 65명이 탑승한 유나이티드 항공(UA-175편), LA를 향해 보스턴 로건 국제공항 출발 | |
| 07:59 | 92명이 탑승한 아메리칸 항공(AA-11편), LA를 향해 보스턴 로건 국제공항 출발(납치범들 이륙 15분 후 여 승무원 살해 후 조종실 진입) | |
| 08:01 | 45명이 탑승한 유나이티드 항공(UA-93편), 샌프란시스코를 향해 뉴저지주 뉴워크(Newark) 국제공항 출발 | |
| 08:45 | 아메리칸 항공(AA-11편), 뉴욕 세계무역센터(WTC) 북쪽 빌딩 충돌 | |
| 09:03 | 64명이 탑승한 아메리칸 항공(AA-77편), LA를 향해 워싱턴 덜레스 공항 출발 | |

| 시간 | 조치사항 | 국가방위 요소 |
|---|---|---|
| 09:05 | 유나이티드항공(UA-175편), 뉴욕 세계무역센터(WTC) 남쪽 빌딩 충돌 | |
| 09:17 | 미국 연방항공국(Federal Aviation Administration, FAA), 뉴욕시의 모든 공항 폐쇄 | 국가기관 |
| 09:21 | 뉴욕시 항만청, 뉴욕 시 주변 모든 교량, 터널 통제 | 국가기관 |
| 09:31 | 부시 대통령 성명 발표<br>- 명백한 테러공격이며, 테러 행위자 반드시 색출 | |
| 09:45 | 아메리칸 항공(AA-77편), 워싱턴 D.C 소재 국방부 건물 충돌 | |
| 09:50 | 세계무역센터(WTC) 남쪽 빌딩 붕괴 | |
| 10:00<br>~<br>11:30 | 미 의사당과 백악관을 포함한 전국의 정부 건물 대피령<br>뉴욕시장 맨해튼 남쪽 지역 소개 촉구<br>유엔, 시어스 타워(Sears Tower) 등 주요건물 폐쇄<br>증권거래위원회 금융시장 1일 폐장 결정 | 국가기관<br>지자체장 |
| 13:00 | 부시 대통령, 박스테일 공군기지에서 "전군 비상 경계령" 발표 | 미군 |
| 13:27 | 국가 비상사태 선포 | 국가기관 |
| 13:44 | 국방부, 전함 5척과 항공모함 2척을 뉴욕 및 워싱턴으로 출진[노포크(Norfolk) 해군기지] | 미군 |
| 14:30 | FAA, 미 동부시각으로 9월 12일 정오까지 모든 민간항공기 비행 금지 | 국가기관 |
| 15:00 | 상 · 하원 의원 긴급안보회의 | 국가기관 |
| 15:55 | 부시 대통령 네브라스카 공군기지에서 전화를 통해 국가안보회의 주재 | 국가기관 |
| 18:40 | 럼스펠드 국방장관 기자회견<br>- 최고의 비상경계태세 유지<br>- 내일부터 정상업무 개시<br>- 아프카니스탄 폭발사건은 미국과 무관 | 미군 |
| 18:54 | 대통령 백악관 복귀 | |
| 19:10 | 애쉬크로프트 법무장관 기자회견<br>- 민간항공기 4대 이용 테러공격사실 설명<br>- FBI 등 법집행기관 대응 노력 설명 | 국가기관 |

| 시간 | 조치사항 | 국가방위 요소 |
| --- | --- | --- |
| 20:30 | 부시 대통령 대국민 담화문 발표<br>- 테러공격의 소행자는 물론 비호세력도 응징<br>- 여하한 공격도 미국의 기반을 흔들지 못한다고 강조 | 국가기관 |

출처: 정지범 편저, 『국가 종합위기관리』(파주: 법문사, 2009), pp. 513~514 수정해 제시

## 2. 9·11테러의 특징과 원인 분석

기존의 테러와 여러 가지 측면에서 차이점을 가지고 있는 9 · 11테러의 특징을 살펴보면 다음과 같다.[47]

첫째, 9 · 11테러는 민간 항공기를 납치하여 미국 자본주의를 상징하는 건물을 파괴한 신종 수법의 항공 테러리즘이라고 할 수 있다. 이전까지의 항공테러는 주로 항공기 납치 및 폭파, 항공 관련시설에 대한 공격 등의 형태로 이루어져 왔다. 하지만 9 · 11테러의 경우는 항공기 자체를 폭발물로 이용해 미국의 경제적 · 정치적 · 상징적 건물을 공격한 뉴테러리즘이다.

둘째, 9 · 11테러는 이전의 테러와는 비교하지 못할 정도로 미국 전역에 엄청난 충격을 준 테러리즘 공격이다. 9 · 11테러는 단순히 인적인 피해를 목표로 한다거나 자신들의 요구 조건이 수용되도록 계획된 테러가 아니라 미국의 정치적 · 경제적 · 군사적 건물들을 공격함으로써 세계 경제에 혼란을 주고, 지구상에서 그 어떤 나라보다도 안전하다고 믿

---

**47** 정지범 편저, 『국가 종합위기관리』(파주: 법문사, 2009), pp. 509~510.

어 온 미국 본토의 핵심지역을 공격함으로써 미국 전역을 공포와 혼란으로 몰아 넣었다.

셋째, 9 · 11테러는 역사상 그 어떤 테러 사건보다 장기간 치밀하고 완벽하게 계획되었다는 점이다. 테러리스트들은 폭발력을 높이기 위한 방안으로 연료를 많이 적재한 장거리 비행기를 납치하였고, 네 대 중 세 대가 목표물 충돌에 성공할 정도로 범행계획이 치밀하였다.

넷째, 9 · 11테러는 정보화기술 산업 발전에 의해 첨단화 및 글로벌화 되었다는 특징도 있다. 즉 첨단 전자 장비를 동원하여 치밀하고도 정확하게 테러를 자행하였으며, 해독 불가능한 암호를 개발하여 소프트웨어로 교신하고 테러에 필요한 자금 모금을 위해 웹사이트를 개설하여 테러 목표를 찾기 위해 미국 정부 네트워크를 수시로 해킹하는 등 상당히 첨단화되었다.

다섯째, 9 · 11테러는 전쟁 행위로 규정되었다. 자본주의의 부와 힘의 상징인 미국의 중심 뉴욕과 워싱턴에 대한 공격으로 미국 부시 대통령은 "이것은 새로운 형태의 전쟁 행위"라고 규정하고, 문명 공격과 죄 없는 사람들의 목숨을 앗아간 테러범은 반드시 찾아 징계할 뿐만 아니라 이들을 지원하는 어떤 나라도 똑같은 범인으로 인정해 보복할 것이라고 선포했다. 즉 9 · 11테러는 미국과 민주주의 문명에 대한 전쟁 행위로 규정되어 반드시 응징할 것이라 천명되는 등 대테러 전쟁이 뒤따랐다.

9 · 11테러의 원인에 대한 분석도 다양한 각도에서 이루어 질 수 있으나 본 연구에서는 다음과 같이 나누어 보았다.[48]

---

**48** 정지범 편저, 앞의 책, pp. 510~511.

첫째, 9 · 11테러는 복합 요인에 의해 발생한 테러리즘이다. 미국은 IMF, WTO 등을 통해 미국의 방식을 국제사회가 수용하도록 요구해 왔다.[49] 이 점은 미국에 대한 반발을 확산하는 계기가 되었다. 즉 미국의 패권주의가 직 · 간접적인 원인이 되었을 가능성이 크다고 볼 수 있다. 또한 이슬람권과 기독교 간의 오랜 갈등 양상도 한 가지 요인이 될 수 있는데, 이슬람과 미국이 지원하는 유대교 간의 오랜 갈등이 테러라는 방식으로 나타난 것으로 보는 시각이다. 그리고 부시 정부의 외교정책이 9 · 11테러 발생의 또 다른 요인으로 작용했다고 본다. 이슬람권에 대해 부시 정권은 힘의 원리로 접근하였고, 이에 이슬람권의 성향이 더욱 반미로 치우치는 결과를 낳았다. 9 · 11테러는 이러한 복합적인 요인에 의해 발생했다고 분석할 수 있다.

둘째, 정보 수집의 실패에 원인이 있었다. 1980년대에 들어 미국은 신호정보 및 영상정보에 대한 예산을 높이면서 미국 정보 예산의 80%를 기술정보 부문에 투입한 반면, 인간 첩보 수집은 예산상의 이유로 중단되어 인간 정보에 대한 예산편성은 소액에 불과하게 되었다. 이러한 연유로 테러 단체들, 특히 알카에다에 대한 동향 파악이 어려워지게 되었다.

셋째, 정보기관의 경직성도 하나의 원인으로 볼 수 있다. 미국은 권력분립의 원칙에 따라 해외 정보를 담당하는 CIA, 국내 보안수사를 담당하는 FBI로 분리되어 있다. 그리고 이러한 수사기관의 분리가 정보

---

49 브레튼 우즈 체제(體制, 영어: Bretton Woods system, BWS)는 국제적인 통화제도 협정에 따라 구축된 국제 통화 체제임. 제2차 세계대전 종전 직전인 1944년 미국 뉴햄프셔주 브레튼 우즈에서 열린 44개국이 참가한 연합국 통화 금융 회의에서 탄생되었음. 이 협정을 브레튼 우즈 협정이라 부른다. https://ko.wikipedia.org/wiki/%EB%B8%8C%EB%A0%88%ED(검색일: 2022.8.10.)

교류와 기능 조율의 어려움을 가져왔다. 수사기관 간 효과적인 정보 교류와 조율이 선행되지 않아 9 · 11테러는 사전에 탐지 및 예방이 어려웠다는 것이라는 분석이 나오는 것도 이와 같은 맥락에서 이해할 수 있다.

넷째, 국가안보 태세에 허점이 있었다는 것이다. 미국은 핵무기와 탄도미사일의 위협에 대비하기 위해 미사일 방어를 중심으로 국가안보를 대비하다 보니 알 카에다와 같은 테러리스트들에 의한 공격에는 대비하지 못했다는 것이다. 이는 미국의 국가안보 태세에 대한 자만과 방심의 결과로 이해되기도 한다.

## 3. 위기관리 단계와 국가방위요소의 작동

### 1) 예방단계와 국가방위요소

미국 정부는 미국 본토에서의 테러리즘 발생 가능성에 대해 과소평가하고 사전예방을 게을리하였다는 지적을 받아왔다. 1996년 이후 2001년까지 전 세계에서 발생한 국제 테러리즘 중 단지 1%만이 북미지역에서 발생하였다. 이는 다른 지역과 비교해 보았을 때, 극히 미미한 것이고, 이 1% 중에서도 미국 본토에서 발생한 사건은 1993년 세계무역센터 지하 주차장 폭파사건뿐이었다. 그리고 미 본토에서 미국 국적의 항공기가 테러리스트에 의해 납치된 경우는 단 한 건도 없었다. 이런 이유로 미국은 미국 본토에 대한 국제 테러리즘 위협을 간과하여 사전예방 및 완화노력을 덜 했다는 것이다.

또한 9 · 11테러 발생 당시 미국에 체계적인 테러리즘 정책이 부재했다는 분석도 있다. 대테러정책의 시작은 테러리즘에 대한 정확한 분석에서 출발하는데, 미국은 매년 100억 달러 이상의 대테러리즘 예산을 사용하고 있었지만 가장 기본적인 테러리즘의 공격 유형 변천과 전개과정에 대한 세밀한 분석이 9 · 11테러 당시에는 부족했다는 것이다. 즉 미국은 핵무기 등과 같은 높은 수준의 위험에만 관심을 집중하고 있었고, 9 · 11테러와 같은 여객기 납치를 통한 테러리즘 행위에는 관심을 기울이지 않음으로써 테러리스트에게 허점을 보였다.

한편 미국은 대테러리즘에 대한 국제 규칙을 제도화하는 데 앞장서 왔는데, 1992년에 7개국을 테러 지원국으로 지정하고 28개의 국제테러조직에 대해서도 감시함으로써 9 · 11테러가 발생하기 전에 이미 테러에 대한 관심이 높았다고 볼 수 있다. 하지만 미국은 세계 최고의 군사력과 경제력을 보유하였으면서도 9 · 11테러 이전까지는 테러 예방과 관련 국내 · 외적 규칙을 정비했을 뿐, 테러에 대한 대응과 보복에는 소극적이거나 수동적이었다.

### 2) 대비단계와 국가방위요소

대비단계에서의 분석을 통해 미국이 9 · 11테러 당시 위기관리상 어떠한 문제점이 있었는가를 알 수 있다. 9 · 11테러는 20여 명 안팎의 테러리스트들에 의해 4대의 항공기 납치가 동시에 가능했을 정도로 취약했던 미국의 항공보안체제에 기인했다고 볼 수도 있기 때문이다.

또한 안보 위기관리 체제와 재난관리 체제로 이원화되어 있던

9 · 11테러 당시의 미국의 국가 위기관리 체제에서 그 원인을 찾을 수도 있다. 미국은 9 · 11테러를 계기로 국토안보부를 중심으로 하는 통합된 위기관리체제로 정비하게 되는데, 이것은 안보 위기관리와 재난관리 체제 이원화의 문제점에 대한 반증이기도 하다.[50]

9 · 11테러를 대비하면서 전혀 예상치 못한 수단과 방법에 의해 테러를 당했다는 점은 미국이 테러를 대비하는 데 충분한 정보를 획득하지 못했다는 것을 말해주고 있다. 그리고 정부 간에도 지나친 보안대책으로 대테러 활동을 위해 CIA 부장이 맡고 있던 중앙정보장이 유관기관에 대한 실질적인 권한을 행사할 수 없었다.[51]

### 3) 대응단계와 국가방위요소

9 · 11테러의 경우 항공기 납치 후 공격까지 최소 30분에서 1시간 30분가량의 대응 시간이 있었지만, 미국 정부는 그 시간 동안 효과적인 대응을 하지 못했다. 백악관과 연방 기관들은 첫 번째 항공기가 세계무역센터에 충돌하기 전에는 납치 사태를 알지 못했고, 부시 대통령도 8시 55분에 보고를 받는 등 국가 정보보고 체계상의 문제점도 드러났다.

한편 납치된 항공기 내부에서는 승무원들과 승객들이 항공기 전화

---

50 이 부분이 이 책의 연구를 촉발시킨 중요한 연구문제의 하나이다. 우리나라도 현재 안보 위기관리와 재난 위기관리가 분리되어 통합된 작동이 되지 않고 있는 문제가 있다.

51 이 부분도 현재 우리나라 위기관리의 문제로 지적된다. 대테러센터가 테러 관련 종합 컨트롤타워의 역할을 하지만 테러에 국한되어 있고, 통합방위와 연계된 차원의 발전이 미흡한 실정이다.

와 휴대폰을 이용해 기내 상황을 항공사와 가족들에게 전달하는 등 민간 부문의 협조도 있었으나, 정보의 수평적 공유는 이루어지지 못했다. 즉, 민간과 정부 간의 위기관리 거버넌스가 작동되지 못했다. 9 · 11 테러의 실화를 바탕으로 제작된 영화 〈플라이트 93〉(United 93)은 "군 수뇌부가 UA93의 피랍을 통보받은 건 추락 후 4분이 지난 후였고, 전투기는 약 160km 거리에 있었다. 오전 10시 18분 대통령은 피랍기 요격을 재가했다. 하지만 미군은 무고한 희생을 염려하여 전투기에 그 지시를 전달하지 않았다"고 증언하고 있다.[52]

### 4) 복구단계와 국가방위요소

재난복구는 2년간 400억 달러의 긴급 피해복구 예산을 편성해 지원하는 등 연방재난관리청(FEMA)이 주관이 되고 나머지 관련 기관 · 일반 시민들 · 자원봉사대가 참여하여 파괴된 건물 잔해에 대한 철거를 재난위기관리 매뉴얼에 따라 신속히 이루어졌다. 그리고 테러로 붕괴된 세계무역센터 자리인 그라운드 제로에서는 현재 프리덤타워와 추모 시설, 환승 터미널이 들어서 있다.

또한 9 · 11테러 이틀 후인 9월 13일에 미국 정부는 파키스탄 정부와 협조하에 알 카에다 국경 통과 차단, 미국과 동맹국들의 영토 출입 허용, 영공 개방, 탈레반과의 관계 단절 등 7개 항을 파키스탄 정부에 요구하여 승낙을 받아냈고, 9월 20일 부시 대통령은 행정부에 전쟁준비 지시

---

52 폴 그린그래스 감독, 〈플라이트 93〉(UIP코리아 배급, 2006).

를 하달하고 대국민 연설을 통해 탈레반에게 빈 라덴의 신병을 인계하라고 최후통첩을 했다. 10월 2일 부시 대통령은 아프간에 대한 군사 공격을 최종 승인해 같은 달 8일 아프간에 대한 공격이 개시되는 등 신속한 보복조치가 단행되었다. 그리고 9 · 11테러를 계기로 국토안보부가 신설되는 등 국가위기관리체제에 대한 전반적인 개혁이 이루어졌다.

한편, 빈 라덴은 '제로니모' 작전을 통해서 2011년 5월 2일(파키스탄 현지시간, 미국 시간으로 5월 1일)에 파키스탄 아보타바드에서 미국 해군(네이비 실)의 데브그루에 의해 사살되었다. 또한, 제2인자 역할을 해오던 '아이만 알자와히리'는 2022년 7월 31일, 아프가니스탄 카불 셰르푸르 지역의 한 은신처에서 미국 CIA가 '대테러작전'의 일환으로 수행한 드론 미사일 공격으로 사망했다.[53]

## 4. 결과 및 분석

### 1) 법규 측면

미국은 제2차 세계대전 후에 국가적 차원에서 안보문제를 조정하고 통제할 수 있는 제도와 체계발전의 필요성을 인식하여 1947년 국가안보법(National Security Act)을 제정하였고, 1976년에는 비상사태 발생에 대비한 비상사태의 선포와 해제 절차, 비상사태 발령 시 대통령의 책임

---

53 https://ko.wikipedia.org/wiki/아이만_알자와히리(검색일, 2022.8.10.).

및 의회보고 등에 관하여 국가비상사태법을 제정하였다. 1987년에는 자원의 생산과 이용, 인력의 관리, 국가중요시설의 방호 등에 관한 연방 방위동원규정을 제정하였다.[54]

국내발생 안보위기 관련하여 1950년에 기존의 재난관리법령들을 통폐합하여 연방재난방지법을 제정, 1974년에는 오늘날 연방비상관리처(Federal Emergency Management Agency: FEMA)의 전신인 중앙재난지원부(Federal Disaster Assistance Administration: FDAA)의 설립근거를 담고 있는 재난구제법을 제정하였으며, 1995년 오클라호마시 연방청사 폭탄테러 발생 후에는 종합테러 방지법을 제정하였다.

그러나 이러한 대비에도 불구하고 9 · 11테러 발생으로, 2001년 애국법(Patriot Act)을 제정하여 사법경찰 커뮤니티와 정보간에도 제도적인 정보공유 장치를 마련하였다.

2002년에는 재해 · 재난 및 테러 등 위협으로부터 미국의 본토 안보를 강화하기 위한 국토안보법(Homeland Security Act of 2002)을 제정한 뒤 국토안보부(Department of Homeland Security: DHS)를 설치, 위기관리 전반에 대한 총괄 및 지휘기능을 수행하도록 하여 위기관리기능을 위한 통합법을 마련하였다.[55]

특기할 점은 이상에서 살펴본 바와 같이 9 · 11테러는 미국의 국가위기 관리체계를 급격하게 변화시키는 계기가 되었다는 것이다. 제2차 대전과 냉전의 산물로서 정보, 외교, 경제, 국방을 중심으로 50여 년간 유지해온 전통적 국가안보체제는 9 · 11테러를 계기로 '국가안보'와 '국

---

54 공성진, "국가위기관리시스템 일원화 방안-국가위기관리기본법 제정의 필요성"(2009년 국정감사 정책자료집 시리즈-1, 2009), p. 20.

55 미국의 이러한 조치는 현재 한국이 위기관리 개혁을 위해 참고할 수 있는 부분이다.

토안보'체제로 양분되었다.

### 2) 주관기관

미국 국가안보의 최고 의사결정기구는 국가안보법(National Security Act)에 의해 설립된 국가안전보장회의로 미국의 국가목표달성과 국가이익을 위한 안보현안 발생 시 중요한 역할과 기능을 수행해 오고 있다.

국토안보의 위기관리체제는 국토안보부와 국토안보회의(Homeland Security Council: HSC, 2001. 10. 29 창설)를 중심으로 구축되어 있다. 국토안보부는 연방비상사태관리청(FEMA), 해안경비대, 세관, 이민귀화국 등 22개 연방기관을 전부 또는 부분적 흡수 후 창설되었으며 자연 및 인위재난 · 테러 · 마약 · 불법이민 등 각종 위협으로부터 미 본토를 방호하고 국가기반체계보호 등의 광범위한 임무를 수행하고 있다.

9 · 11테러 이전에 미국의 테러리즘 정책기구는 지휘감독 기능을 대통령에 집중시키고 대응 전담 책임은 국내 사건의 경우 법무부의 연방수사국(FBI: Federal Bureau of Investigation)이, 국외 사건은 국무부의 테러리즘 진압처, 그리고 항공 테러리즘과 관련된 사건은 교통부의 연방항공청(FAA)이 맡도록 되어 있었으며, 국방성은 특수부대를 지원하고 중앙정보부(CIA: Central Intelligence Agency)는 국제 테러리스트 조직에 관한 정보 수집, 대테러리스트 장비 개발과 기술을 지원하는 등 각 부처 간에 상호 협조하도록 구성되어 있었다.[56]

---

56 현재 우리나라의 위기관리 조직과 임무부여는 이와 유사하다. 이 책의 문제제기에 해당하는

한편, 9 · 11테러 사건 이후의 미국 대테러 대응 체계의 변화는 두 가지 측면에서 살펴볼 수 있다.[57] 첫째, 미국은 그동안 대응 체계를 국제 테러에 초점을 맞추어 구축했으나, 9 · 11테러 이후 새로운 대응 체계로 미국 본토 보호방안을 구축하였다. 대테러정책과 관련한 대통령 자문과 정책 조정을 위해 국토안보위원회(Homeland Security Council)를 설치, 집행 기관으로서 국토안보부(DHS: Department of Homeland Security)를 설치하는 등 대응조직에 대한 변화를 들 수 있다. 둘째, 애국법을 비롯한 많은 법률을 입법하는 등 테러 예방과 저지, 테러리스트 색출과 처벌을 강화하기 위한 여러 가지 입법 조치를 취한 것이라 할 수 있다.

### 3) 국민의식

미국인들은 9 · 11 이전 미 본토가 안전하다고 생각하는 가운데 살고 있었다. 위기관련 조직과 법의 운용은 방만하였다. 하지만, 9 · 11 이후 국가주도로 이러한 법적, 제도적 정비를 통해 시민들의 참여와 동참을 이루어 가고 있다.

미국의 위기관리 패러다임 변천은 그 시대의 요구와 필요에 의해 그 조직과 기능이 바뀌어 왔음을 보여준다. 미국의 위기관리 변천사를 보면, 1930년 이전까지는 연방정부가 위기관리에 관여를 거의 하지 않

---

부분이다.

57 장웅선, 『9 · 11 테러 이후 미국 안보정책의 변화』(한양대학교 석사학위 논문, 2006), p. 65.

았다고 할 수 있다.[58]

미국의 위기관리체제는 제2차 세계대전이 지나고 체계적으로 정비되기 시작하였는데, 첫 번째는 1950년의 연방재난방지법(the Federal Disaster Act)의 제정으로서 128개의 재난관련 법령이 통폐합되고 연방정부차원에서 재난관리를 지원하도록 법적 장치를 마련한 것이다. 이후 재난의 유형과 재난관리 필요에 따라 다수의 연방 관련 부처가 신설되었다. 그러나 행정업무의 분화에 따라 책임과 역할이 중복되거나 분산되어 있어 재난관리비용이 많이 소요되고 비효율적인 행정업무처리 등으로 인해 방재효과가 상대적으로 적다는 지적을 자주 받아왔다.

1979년 카터 행정부에서 대통령의 집행명령으로 분산되어 있던 10여 개의 연방정부 관련 부처들이 연방재난관리청(Federal Emergency Management Agency: FEMA)으로 통합 되었다. 연방재난관리청이 신설되어 그동안 재난의 종류에 따라 분산되고 소극적이었던 위기관리 방식이 통합적이고 적극적인 위기관리 방식으로 바뀌게 되었다. 또한, 1988년 미국의 재난관리 기본법이라 할 수 있는 스태포드 법(Robert T. Stafford Disaster Relief and Emergency Assistance Act)이 제정되었는데, 이 법은 재난피해를 경감하기 위해 연방정부가 주정부와 지방정부에 각종 지원을 하는 데 필요한 기본사항을 규정하고 있다.

미국은 2001년 9 · 11테러를 계기로 2003년 3월에 기존의 22개 다른 연방기관과 프로그램 및 기관들을 FEMA와 함께 통합하여 국토안보부(DHS)를 신설하고 국가의 위기관리 및 국토안보 업무를 총괄하고 있다. 그리고 국토안보부는 부시 대통령이 2006년 4월 서명하고 2007년

58 이희민, "미국 재해관리시스템의 변천과정", 『국토』, 통권 258호(2003), p. 94.

3월 1일부터 효력이 발생된 포스트-카트리나 위기관리개혁법에 의해 조직적 변경이 있었고, FEMA 또한 재조직되었다. 즉, 미국 유사 이래 가장 참혹한 자연재난이었던 2005년도의 허리케인 카트리나 대응에서 나타난 문제점들을 보완하기 위하여 좀 더 강한 사전준비 임무를 포함하고 실질적인 재난관리 권한을 FEMA에 부여하였다.

'재난의 원인들 중 기존에는 배제되었던 테러가 중요하게 부각되고 있으며, 테러에 의한 재난이 다른 어떤 재난보다 사회내부에 심각한 영향을 가져올 수 있으므로, 이제 재난관리는 전통적 안보위기관리 체제와도 수평적으로 밀접한 관계를 가질 수밖에 없다'[59]고 보는 연구자도 있다. 따라서 미국 국민들의 테러와 재난에 대한 인식이 통합적으로 바뀌어져간 것은 우리에게 시사하는 바가 크다. 정부에 의해 국민의식이 통합되도록 조치하는 일이 필요하다는 것을 확인할 수 있다.

## 5. 통합방위 측면 교훈

9 · 11테러의 통합방위 측면의 교훈은 다음과 같다. 첫째, 법적 완전성 구비가 필요하다. 미국이 9 · 11 이후에 추가로 6개의 법안을 제정하였고, 특히, 포괄적 입법으로서 기존 대테러법을 강화한 애국법을 제정하여 위기관리의 기본법을 갖추었다.

둘째, 안보위기관리 조직과 재난위기관리 조직이 통합되어야 한다.

---

**59** 정지범 편저, 앞의 책, p. 545.

미국은 국토안보법에 따라 국토안보부를 창설하여 기존의 연방재난관리청(FEMA)을 예하조직으로 구성하였다. 이 부분은 한국이 보완해야 할 취약한 부분이다.

셋째, 정보기관 간의 정보공유가 중요하다. 미국은 9 · 11 이후 연방수사국(FBI)과 중앙정보국(CIA)이 정보를 공유하도록 조치하였다.

넷째, 인간정보수집에 대한 관심과 방첩활동이 중요하다. 이 당시 미국은 영상과 신호정보 수집에 예산의 80%를 치중하여 집행함으로 상대적으로 테러와 관련된 인간정보의 수집과 통합에 소홀하였다. 현재 한국도 국가의 안보를 저해하는 불순세력에 대한 정보수집과 조치에 취약함이 있다.

다섯째, 소방기관의 국가방위요소화가 필요하다. 9 · 11테러 당시의 미국 소방대원들은 사건 현장에서 화재진압, 환자후송, 잔해물 처리 등 헌신적인 활동을 하였다. 이는 한국에게도 국민의 생명과 재산을 지키기 위해서 소방이 하는 역할에 대해 시사해주는 바가 크다.

# 제5절 프랑스의 파리 테러

## 1. 개요

본 사례연구는 한국의 통합방위사태와 유사한 프랑스의 비상사태를 확인하기 위함이다. 프랑스에서는 2015년 1월부터 2016년 7월까지 18개월 간 8건의 테러사건이 발생하였고, 그중 세 사건이 규모와 사회적인 영향력에 있어서 큰 비중을 차지하고 있다. 그 첫 번째가 2015년 1월 7일 파리 11구 지역의 샤를리 에브도 언론사 총기난사 테러이고, 두 번째가 2015년 11월 13일 금요일 파리 시내 바타클랑 콘서트 극장과 주변 레스토랑, 당시 프랑스와 독일의 친선축구경기가 열리고 있던 교외의 스타드 프랑스 생드니 종합운동장에 대한 동시다발적인 대규모의 복합테러였으며, 세 번째가 2016년 7월 14일 프랑스 최대의 국경일인 프랑스 대혁명 기념일에 대표적인 해변 휴양지인 니스 해변도로에서 발생한 트럭테러이다.

두 번째 테러는 2015년 11월 13일 21시 16분에 프랑스 파리의 1구, 10구, 11구, 프랑스와 독일의 친선 축구 경기가 열린 생드니의 스타드

드 프랑스 근처, 파리 북부의 일드프랑스 등 최소 7곳에서 발생한 동시 다발 연쇄 테러 사건이다. 최소 여섯 번의 총격과 세 건의 폭발이 있었고, 바타클랑 극장에선 최소 60여 명의 인질이 붙잡혀있는 것으로 알려졌다. 파리 인질극은 종료되었지만, 이 과정에서 130여 명이 사망했다. 또한 프랑스 경찰은 테러 과정에서 2건 이상의 자살 폭탄 테러가 발생했다고 밝혔다. 이 테러로 프랑수아 올랑드 대통령은 중앙유럽 표준시 23시 58분에 국가 비상사태를 선포하고 국경 봉쇄를 단행했다. 이슬람 국가(IS)는 테러가 자신들의 소행임을 밝혔다.[60]

먼저 21:19분 경 파리 외곽 축구경기장 '스타드 드 프랑스' 주변에서 자살폭탄테러로 인해 테러리스트 3명과 시민 1명이 사망했다. 21:20분경에는 테러범들이 파리 시내 레퓌블리크 광장의 동쪽 제10구의 술집 '카리용'과 레스토랑 '프랑티캉보주'에서 AK소총을 난사해서 시민 14명이 사망했다. 이어 범인들은 21:30분경 남쪽 제11구 샤론가의 주점 '벨 에퀴프'를 포함한 그 일대에서 20명 이상의 사상자가 발생하는 테러를 강행했다. 22:00시경 파리 제11구 볼테르가에 위치한 바타클랑 공연장에서 테러범들은 공연 도중에 2시간 30분가량의 인질극에 이어 무차별로 총기를 난사하여 87명이 숨지게 하고, 테러범 4명은 폭탄벨트로 자폭하거나 경찰에 의해 사살되었다. 바타클랑 공연장은 가장 유명한 역사적 콘서트 장소의 하나이며 유대인 형제들이 소유하고 있어서 과거에도 여러 번 테러공격의 목표물이 된 적이 있는 장소이기도 했다.

사건 다음날 프랑스 검찰의 발표에 의하면 시민 127명이 사망하는 등 사상자가 3,000여 명을 상회했으며, 테러범도 8명이 사망했다. 축구

60 https://ko.wikipedia.org/wiki/2015년 _11월_파리_테러(2022.8.4. 검색).

경기를 관람하던 올랑드 대통령은 사건이 발생하자 무사히 경기장을 빠져나왔다. 경기장의 8만 관중들은 공포 속에서도 경기를 관람했고, 경기가 끝난 후에도 2,000여 명은 불안과 공포에 떨며 30여 분 동안 경기장 안에 머물렀다. 공연장 희생자의 대부분은 10대와 20대였고, 상황을 긴급 대피하기 위해 임신부가 창가에 매달려 구조를 요청하기도 했다. 프랑스 당국의 발표에 의하면 테러배후로 ISIS[61]가 해외 조직망을 총 가동하여 획책하고 실행한 것으로 밝혀졌다. 테러범 8명은 시리아인을 포함하여 다양한 국적자 들이며, 이들을 배후에서 조종한 주동자는 벨기에 출신 압델하미드 아바우드(Abdelhamid Abaaud)였다.[62]

## 2. 파리 테러의 특징

2015년 11월 '파리'테러는 최근 유럽 및 북미형의 뉴테러리즘의 전형적인 특성을 보여준 대표적인 테러이다.[63] 이는 테러 원인과 성격, 자생테러의 측면과 국제 테러조직과의 융합 측면, 테러공격수단의 다양성, 테러대상 목표의 복합성 측면에서 전형적이라고 정리할 수 있다.

'파리'테러는 인명살상 자체가 직접적인 테러범의 목적이었다. 테러대상 목표 차원에서 볼 때, 군이나 경찰, 정부기관의 상징적인 국가기

61 이라크 시리아 이슬람국(영어: The Islamic State of Iraq and Syria, ISIS), 2014년 6월에 현재의 이름으로 조직명칭 변경, 제정일치의 칼리파 국가 선포를 주장하였다.

62 프랑스 의회진상조사위원회, 국가정보원 역, 『파리테러진상조사보고서』, pp. 37~45.

63 문영기, 『9 · 11과 '파리'테러 이후 군사개입 결정요인 비교 연구』, p. 103.

관의 중요시설로 대표되는 이른바 하드타깃이 아닌 소프트타깃에 집중되어 발생하였다. 식당과 술집, 축구경기장, 콘서트장 등 최소 7곳이라는 다양한 장소에서 다수의 테러리스트들이 각각 팀을 이루어 동시다발적인 복합공격을 감행하였다.[64] 그에 따른 결과로 공포와 위협을 확산시키고, 세력을 과시하며, 정당성을 주장, 동조자의 확대 등이 뒤따른다는 것이다.

9 · 11테러 사건과 비교하여 파리 테러사건은 국제정치문제에 있어서 불분명한 복잡성을 갖고 있다. 프랑스는 중동과 아프리카 국가에 미국과 함께 군사개입을 부지런히 해왔다. 전쟁에 참가한 목적이 테러리즘과 반계몽주의에 맞서 싸우기 위해서라고 명분을 내세웠지만 오히려 미국과의 동맹관계를 유지한 것 이외에 큰 이유가 없어 보였다.[65]

결과적으로 파리테러는 최근 유럽 및 북미형의 뉴테러리즘의 전형적인 특성을 보여준 대표적인 테러 유형으로 인식되었지만, 9 · 11테러와 비교해서 프랑스와 국제사회에 심리적 충격의 폭발력이 크지 않았다. 9 · 11테러가 진주만 침공만큼이나 본토를 유린당한 충격을 가져왔다면, 파리테러는 일련의 테러 연속 선상에서 좀 더 큰 테러사건으로 인식되었다. 프랑스 국내외 사회 · 문화적 원인과 테러의 주체에 자국인이 다수 포함된 점도 국제사회에 호소력이 없었다. 즉, 테러 원인과 성격, 자생테러의 측면과 국제 테러조직 과의 융합측면, 테러공격수단의 다양성, 테러대상 목표의 복합성 측면에서 '동시다발 복합테러'라는 별칭을 얻는 것으로 그 의미를 대변한다.

---

64 이창한 외, "최근 북미 및 유럽지역의 테러리즘 동향연구: 2012~2017", p. 110.

65 최인숙, "IS의 파리테러 이후 프랑스의 정치 · 군사적 변화", p. 144.

## 3. 위기관리 단계와 국가방위요소의 작동

### 1) 예방단계와 국가방위요소

프랑스가 테러를 예방하기 위하여 국가방위요소를 어떻게 운용하여 왔는지를 확인한다. 20세기 프랑스 내 최악의 테러는 1961년 6월 18일에 발생한 스트라스부르그-파리 간 기차에서 발생한 폭탄테러로 28명의 사망자와 100명이 훨씬 넘는 부상자가 발생하였다.

1970년대도 중동 위기와 관련하여 수도 파리를 중심으로 다양한 폭탄공격사건과 저격 테러사건이 빈발하였다. 1978년 5월에는 팔레스타인 테러범이 오를리 국제공항에서 이스라엘 텔아비브행 항공기 탑승객들에게 총기를 난사하여 8명이 사망하였다. 이런 상황은 1980년대에도 지속되었다.

1980년대에는 레바논계 테러단체에 의한 프랑스 내에서의 대형 테러사건의 발생빈도가 높았으며 1990년대에는 무장이슬람그룹의 테러활동이 급증했다. 사실상 프랑스는 2015년 테러 이전에도 이미 영토 내에서의 테러에 빈번하게 노출되어 있었다. 이는 미국인들이 9 · 11테러 당시 느꼈던 충격과 공포심만큼은 아니지만 프랑스 국민은 이미 수차례 국내 테러사건에 노출되어 테러에 대한 불안감을 갖고 있었다는 점을 유추해 볼 수 있다.

이러한 상황 가운데 유럽 각지의 난민들과 이주자들로 이루어진 지역 공동체에 이슬람극단주의 침투로 인한 테러공격 인프라 구축으로 테러발생 확률이 매우 높아지게 되었다. 또한 과거의 종교적 · 정치적 · 이념적 갈등과 같이 뚜렷한 목표와 이념의 원인에서 탈피하여 개인적 원인에 의한 자생테러 및 외로운 늑대 등 목표나 원인도 규명할 수 없는 다양한 테러양상이 확산되었다. 즉 예방을 위한 정부 차원의 정책은 식별하기가 제한된다. 프랑스 정부의 안보정책과 미국과의 동맹을 추구하는 정책으로 테러 예방차원의 노력은 어려웠다고 보인다.

### 2) 대비단계와 국가방위요소

프랑스는 테러관련법을 1893년과 1894년에 제정하였는데 이 당시는 무정부주의자들의 활동을 척결하기 위함이었다. 그러나 본격적으로 프랑스의 대테러 관련법이 정비된 것은 알제리 독립전쟁과 가장 직접적인 관련이 있다. 알제리 독립전쟁(1954~1962) 시기, 프랑스 정부는 국가안보를 위협하는 테러에 대하여 강경한 방식으로 대처하였다. 국가치안유지라는 명분으로 군인에 의해 시행된 폭력이 용인되기도 했으며 보호유치가 96시간으로 연장되기도 했다.

현재 프랑스 대테러정책에 영향을 미친 관련법은 미테랑 대통령 시절인 1986년 9월 9일에 제정된 법으로 이를 통해 테러전담 기구를 설립, 기구 간의 효율적 협력은 물론 효과적인 대테러 대응방안을 마련할 수 있었다.

### 3) 대응단계와 국가방위요소

국가비상사태 선포 관련, 사건 직후 올랑드 대통령은 발스 총리 등과 긴급회의를 가지고 23시 54분에 국가비상사태를 선포, 국경봉쇄조치를 발표하였다. 국가비상사태는 '비상사태에 관한 법'(1955.4.3. 제정)에 따라 국무회의 령의 형식으로 발령되며(최장 12일, 연장은 법률로만 가능), 내무부장관과 도지사에게 야간 통행금지, 주거이탈 금지, 집회금지, 공연장 잠정 폐쇄, 행정수색 등의 권한이 부여된다.[66]

베르사이유 궁 상 · 하원 합동회의 소집 관련, 11월 16일 대통령 올랑드는 오후 4시에 베르사이유 궁에서 상 · 하원 합동회의를 소집하여 45분에 걸쳐 국가비상사태 연장, 대테러 입법조치, 헌법 개정, 치안인력 강화, UN 안보리 대테러 결의안 채택 요청, 시리아내 공습강화 및 대테러 EU 공조 등 국내 · 외 대응책을 발표했다.

국가비상사태 기간 연장 관련, 프랑스 정부가 11월 18일 제출한 비상사태와 관련된 연장 법률안이 상 · 하 양원에서 절대다수 찬성으로 각각 가결되었다. 주요내용은 주거이탈 금지조치의 적용대상 확대, 여권 압수, 비상사태 기간 3개월 연장, 행정수색 시 전화 및 컴퓨터 기록 접근 및 확보, 외부연락 금지, 공공질서에 심각한 위해를 야기하는 협회나 단체의 해산 등이다. 전자 팔찌 착용과 단체 해산 등과 관련, 위헌의 우려가 제기될 수 있으나, 발스 총리는 하원에서의 제안 설명 중 이를 공개적으로 인정하면서도 효율적이고 신속한 대테러 대응체계를 구축하기 위해 법안 가결을 강력히 촉구하였다.

66 이 부분은 한국의 '통합방위사태' 선포 후 '통합방위작전'과 유사하다.

### 4) 복구단계와 국가방위요소

프랑스의 경제활성화를 위한 정부 지원정책 관련, 프랑스 하원은 12월 4일 테러로 인해 직접적인 피해를 입고 있는 공연분야 지원을 위한 400만 유로 규모의 기금신설안을 승인하였다. 이 기금의 기한은 3년이며 그 재원은 공연관련 세금과 공공 및 민간 기부금으로 조성되고, 운영은 국가음악센터가 맡으며, 공연장의 치안을 강화하기 위한 조치 등을 지원하게 된다. 아울러, 프랑스 정부와 지방자치단체는 거주세 납부기한 연기, 공공투자은행의 호텔업소 대출상환 만기일 6개월 연장 등 관광업을 중심으로 경제적인 어려움을 지원하기 위한 대책을 검토하였다. 또한, 파리시는 테러로 인해 직접 피해를 입은 업소 15개에 대해 60만 유로를 지원하고, 직접 피해가 없어도 치안조치로 인해 휴업한 업소를 대상으로는 도로사용료, 청소비 등 세금 및 분담금을 일시 면제하였다.

테러 피해자 보상 관련, 테러 등 피해자 보장기금은 11월 20일부터 이번 테러 피해자와 유족 일부를 대상으로 테러 피해에 따라 경제적 어려움 해소를 위해 보상액 확정 전에 지급되는 초기 보상을 개시하였다. 이 기금은 프랑스의 국내보험계약에 부과되는 기여금으로 조성되고, 지원대상은 테러로 인한 유족(사망자의 경우)과 부상자이며, 지원범위는 노동 불능에 따른 경제적 손실 및 후유 장애로 야기되는 비용과 장례비 및 정신적 · 경제적 피해이다. 테러에 따른 피해자는 테러 발생 후 10년 동안 보상 신청이 가능하다.

헌법 개정 추진 관련, 올랑드 대통령이 11월 16일 베르사이유 궁에서 언급한 바와 같이 대테러 조치의 일환으로 프랑스 정부는 헌법 개정을 추진하고 있다. 그 내용은 헌법 제3-1조와 제36-1조를 신설하는 것이다. 제3-1조는 근본적인 국익을 저해하는 범법행위 또는 테러에 해당하는 범법행위로 유죄가 확정된 프랑스 태생 이중국적자의 프랑스 국적상실에 관한 사항을, 제36-1조는 비상사태의 선포와 비상조치, 기간연장(12일을 넘는 경우) 및 비상사태 종료 후 비상조치(최장 6개월) 등에 관한 사항을 각각 규정하고 있다.

이렇게 프랑스는 파리테러 이후 복구단계의 조치들을 검토 후 시행하였다.

## 4. 결과 및 분석

### 1) 법규 측면

파리 테러 이전의 법적 대응은 다음과 같다. 첫째, 프랑스에서는 무정부주의자들의 폭탄투척 테러, 초국가적 네트워크를 갖춘 국제테러조직까지 매우 다양한 형태의 테러가 과거부터 발생한 바 있다. 무엇보다 '알제리 전쟁(1954~1962)'은 프랑스 본토를 매우 빈번한 테러의 표적이 되게 하였다. 그 후에도 프랑스는 1986년과 1996년 사이에 이란, 알제리 그리고 레바논과 직·간접적으로 연관된 이슬람 무장단체의 테러 공격을 23번이나 프랑스 본토에서 경험했다. 〈표 3-6〉은 프랑스의 주요 테러법의 발생배경과 특징을 정리한 것이다.

〈표 3-6〉 프랑스의 주요 테러법

| 연도 | 테러 관련법 | 발생배경 | 특징 |
|---|---|---|---|
| 1986 | 테러리즘과 국가안보 침해에 관한 법 | 중동테러그룹이 수감자 석방을 요구하면서 파리에 집중적 테러 자행 (1986년도에 14회 이상 테러 자행) | • 현 프랑스 테러법의 기초가 됨<br>• 대표적 테러전담 기구 설치<br>• 예심수사판사와 국토감시국의 긴밀한 협력 구축 |
| 1996 | 테러리즘과 공무원 또는 공무수탁사인에 대한 침해 억제 및 사법경찰 관련 조치들 | 알제리 무장 이슬람 그룹 (GIA가 자행한 일련의 테러) | • 1986년도 테러법 강화<br>• 테러범죄 실행 이전이라도 '테러참여죄'로 처벌 가능해짐 |
| 2006 | 테러방지 및 치안과 국경 통제에 관련된 여러 규정에 관한 법률 | 2004년 3월 마드리드 열차테러, 2005년 7월 런던 폭탄 테러 그리고 2005년 파리 소요사태 | • 테러방지를 위해 필요한 사전조치 강화에 중점<br>• 유럽역내 국가와의 대테러 협력 강화 |

출처: 박선희, 프랑스의 대테러 정책, 『평화학 연구』, 2016, p. 124.

둘째, 미국에서 9 · 11테러가 발생하자 프랑스는 2001년 11월에 "일상 안전에 관한 법률"을 제정하면서 공공장소에서 소지품을 검색하는 등의 테러방지조치를 강화하였다. 1986년 법은 현재 프랑스의 테러 대응방안의 골격을 구성한 법이다. 프랑스는 1986년도부터 2015년 1월 간에 테러 관련 법규를 14차례 제정했다.[67]

이처럼 프랑스는 이슬람 극단주의 테러 조직을 상대한 경험을 바탕으로 미리부터 테러 방지를 위한 강력한 법을 제정, 효과적인 시스템을 구축할 수 있었다. 1996년부터 2012년까지는 프랑스가 이슬람 극단주의 조직의 테러를 겪지 않았다. 또한 프랑스는 1998년 월드컵, 2000

67 박선희, "프랑스의 대테러 정책: 자생적 테러리즘과 대테러 정책의 변화, 평화학 연구", 2016. p. 124.

년도 스트라스부르 대성당 주변의 크리스마스 마켓, 2001년 파리 미 대사관 등에 대한 테러 위협에 대해서 효과적으로 대처하기도 했다. 그러나 2015년도 1월과 11월 파리에서 발생한 두 차례의 테러는 강력한 법적 장치가 있어도 프랑스를 더 이상 테러로부터 보호해주지 못한다는 것을 보여 주었다.

한편, 파리 테러 이후의 법적 대응은 다음과 같다. 첫째, 프랑스 정부는 1955년에 알제리 전쟁 당시 제정된 비상사태법이 오늘날의 국제적인 조직을 바탕으로 고도의 기술력과 광범위한 네트워크를 가지고 있는 테러의 기술발전과 현실변화를 따라가지 못하고 있다고 지적하면서, 오늘날의 대규모의 테러 사태에 대응하기 위해서는 법률을 개정하여 경찰[68]이 야간 가택수색, 신분증 및 소지품 검사 등 보다 확대된 수색 권한을 가져야 하며, 행정부의 집행력을 실질적으로 강화해야 한다고 주장하였다.

둘째, 2015년 11월 13일 테러가 발생한 지 5일 후, 프랑스 정부는 이를 내용으로 하는 법률 개정안을 의회에 상정하였다. 의회는 정부제출 법률개정안 자체의 표결이 아니라, '비상사태를 3개월 연장하는 2015년 11월 20일 법률을 통하여 1955년 비상사태법의 내용을 개정하였다. 개정된 규정들은 주로 경찰의 수색 권한을 확대하여 효과적인 테러진압을 가능하도록 하려는 것으로 가택연금, 집회 해산과 회합 금지, 행정상 수색과 관련된 부분에 집중되어 있다. 이때 시행된 내용 중 시민에게 부과될 수 있는 개별적인 행정조치들을 제목 위주로 살펴보면 다음과 같다. 통행 및 이전의 자유제한, 가택연금, 극장이나 술집 회합장소

68 프랑스는 육해공군 외에 경찰군을 기본적인 군대의 구성으로 유지하고 있다.

의 폐쇄 및 회합금지, 단체 · 조직의 해산, 무기와 탄환의 압수, 징발권, 전자통신서비스의 제한, 행정상 수색과 압류 등이다. 이러한 것들은 우리나라의 통합방위법이나 테러방지법에도 포함되어야 할 부분이라고 본다.

셋째, 비상사태는 내무부장관이나 도지사에게 권한을 부여한다. 통행의 자유 · 이전의 자유 · 집회의 자유의 제한, 경찰력과 무기에 의한 질서유지가 가능하고, 행정기관에 징발권이 부여된다. 2015년 11월 테러 직후 비상사태가 선포된 후, 그를 연장하는 2015년 11월 20일 법률에 의하여 1955년 4월 3일 55-385호 법률인 비상사태법이 수정됨에 따라, 주간 및 야간에도 가택수색이 가능해지고, 테러행위와 관련된 조직이 유발하는 모든 공공통신서비스를 단절할 수 있게 되었다.

### 2) 주관기관

파리테러와 관련하여 주관기관은 경찰이다. 프랑스는 앞에서 확인했듯이 1954년부터 테러대응을 위해 법적 여건을 갖추어 왔다. 이와 관련하여 정부와 국회가 주도적으로 역할하였고, 이를 실행하는 경찰도 준비되어 왔다.

프랑스의 경찰조직은 국가경찰을 원칙으로 하지만, 제한적으로 자치경찰을 운영하고 있는데 자치경찰제란 지방자치단체에 경찰권을 부여하는 제도로 지방행정과 치안행정 간의 연계를 구축하여 대도시에서는 더 높은 치안효과를 기대할 수 있다.

### 3) 국민의식

프랑수아 올랑드 대통령은 성명 발표시 테러에 대해 프랑스 국민은 강인해야 한다고 말했다. 행정부는 시민들에게 안전을 위해 파리 집 밖으로 나가지 말아달라고 권고했다. 또한, 올랑드 대통령은 "혐오스럽고 야만적인" 이번공격의 배후에 있는 자들에게 "무자비하게" 대응할 것이라고 밝혔다. 파리 10구, 11구에 위치한 파리 지하철역도 테러 우려로 운행을 정지했다. 또한, 11월 14일만 모든 대학교와 공립 학교는 문을 닫게 되었다. 이와 같이 프랑스 국민들은 어려운 상황 가운데서도 정부의 방침을 따르고 단결하며 위기를 극복하였다.

프랑스 국민들이 보여준 시민의식은 테러리스트들이 그들의 목적을 달성하지 못하게 할 만큼 단결되었다. 축구 경기장 부근에서 테러가 발생했는데도 불구하고 정상적으로 축구경기를 진행하였다. 또한 각종 시위나 캠페인에도 적극 동참하였다.

## 5. 통합방위 측면 교훈

본 사례의 통합방위 측면 교훈은 다음과 같다. 첫째, 소프트 타깃에 대한 테러대비가 필요하다. 최근 세계적인 테러 추세는 불특정다수, 소프트 타깃을 향하고 있다. 때문에 평소 정보수집과 관련기관별 긴밀한 협조가 매우 중요하다.

둘째, 테러의 대응을 위해 국가방위요소가 통합되어 운용되어야 한다. 프랑스는 국가경찰이 주도하고 소방과 지자체, 국민들이 통합되어 위기를 극복하였다.

셋째, 위기극복을 위한 국민적 공감대 형성이 중요하다. 프랑스 국민들이 테러 발생 시 보여준 시민의식은 위기를 신속히 안정화하는 데 크게 작용하였다. 한국에 시사하는 점이 많다.

# 제6절 일본의 후쿠시마 원자력 발전소 사고

## 1. 개요

본 책에서 일본의 후쿠시마 원자력 발전소 사고를 분석하는 이유는 천재지변으로 시작된 재난이 적절한 대비와 대응을 하지 못해 국민들의 생명과 재산을 잃게 만드는 결과를 가져왔기 때문이다. 또한, 재난의 내용이 원자력 발전소의 폭발과 방사능 누출이라는 피해로 이어져, 만일의 경우 북한의 핵폭탄이 투하되었을 때의 혼란을 간접적으로 상정할 수도 있기 때문이다.

한국은 북한의 핵 미사일 위협에 노출되어 있는 상황이다.[69] 북한은 핵개발은 물론 이의 투발을 가능하게 하는 각종 미사일과 대륙간 탄도탄 시험발사를 지속적으로 진행하고 있다.[70] 이러한 상황 가운데 본 사례연구를 통해 자연재난 발생 시는 물론, 핵과 관련된 국가위기관리 시

---

69 동아일보, 2022. 1. 18, A-6면.

70 조선일보, 2022. 1. 17, A-8면.

국가방위요소의 작동은 어떠해야 하는지를 도출한다.

2011년 3월 11일 오후 2시 46분경 일본 동북부 미야기 현 해안 동남쪽 약 130km 떨어진 해저에서 M9.0의 대지진이 발생하였다. 그리고 오후 3시 27분경에는 도쿄전력의 후쿠시마 제1원자력 발전소에 쓰나미가 밀려왔다.

대지진 당시 후쿠시마 제1원자력발전소의 원자로 6기 중에서 1 · 2 · 3호기는 가동 중이었으며, 4 · 5 · 6호기는 점검 중이었다. 쓰나미로 인하여 원자로의 냉각 전원장치가 중단되면서 노심냉각장치와 냉각수 순환 시스템의 가동이 불가해졌고 원자로가 장시간 냉각되지 않음으로 노심이 과열되었다. 3월 12일에 1호기의 수소폭발, 3월 14일에는 3호기에서도 수소폭발이 일어났고, 3월 15일은 2호기 수소폭발과 4호기의 수소폭발 및 폐연료 봉 냉각보관 수조 화재 등이 발생하여 방사성 물질이 포함된 기체가 외부에 대량으로 누출되었다. 3월 19일 5 · 6호기의 냉각장치가 정상화되었고, 3월 20일에는 1 · 2호기의 전력 복구작업이 완료되었다.

그러나 심각한 것은 원자로 냉각을 위해 뿌렸던 바닷물이 방사성 물질을 포함한 오염수로 변환된 것이다. 이 오염수가 누출됨으로 고방사성 액체의 문제가 대두되었다. 3월 24일 3호기에서 정상 운전 시 원자로 노심보다 1만 배 높은 농도의 방사성 물질이 검출, 4월 2일 2호기 취수구 부근 바다에서는 방사성 요오드 131이 1cm$^3$당 30만Bq(베크렐)로 발견되는 등 오염수 처리문제가 대두되었다. 이에 일본 정부가 4월 4일부터 10일에 걸쳐 저농도 오염수를 바다로 방출시켰다.

사고 후 1개월 동안 1 · 2 · 3 · 4호기에서 수소폭발이 발생하고, 1 · 2 · 3호기 원자로 노심의 상당 부분이 용융되었으며, 3 · 4호기 사용

후 핵연료 저장수조의 심각한 파손은 물론 2호기 격납용기 압력경계 손상 등이 발생하였고, 이후 사태는 심각해졌다.

3월 11일 후쿠시마 원전 사고가 발행하자 미국정부는 안전성에 대한 우려를 표명하면서 원자로에 대한 냉각기술을 제공할 것을 제안했지만 일본 정부는 자력대응을 할 수 있다며 이를 거절하였다. 이후에 방사성 물질의 유출이 본격화된 3월 15일에 이르러서야 국제원자력기구(IAEA)에 도움을 요청하였다.[71] 또한 간 나오토 수상은 반경 10km 이내 주민을 대피시키고, 해수를 이용하여 원자로 내부를 냉각시킬 것을 지시하였다. 이에 도쿄전력은 10km까지 피난할 필요가 없고, 해수를 주입하면 원자로의 폐기를 초래하게 되므로 격렬하게 반대하였다. 이렇게 '도쿄전력'의 안전선언을 믿은 간 나오토 수상은 3km 이내의 피난민으로 지시사항을 번복하고 국민들에게 낙관적인 메시지를 전달하게 되었다. 그런데 안전을 자신하던 도쿄전력의 주장과는 달리 원전 건물이 폭발하게 되고, 연로봉의 노심이 노출, 방사능이 누출되는 등 감당할 수 없는 수준의 사태로 악화되자 3월 15일 도쿄전력 사장은 사고원전으로부터 현장직원 전부를 철수시키겠다고 수상관저에 보고하였다. 이에 간 나오토 수상이 직접 도쿄전력 본사를 방문, '사고 원전에서 철수하면 도쿄전력을 박살낼 것'이라고 하여 철수를 막았다. 결국 경제적 논리를 앞세운 도쿄전력 측의 강력한 주장이 일본정부를 낙관론으로 선회하게 함으로 초기대응의 기회가 상실되었다.

**71** 한겨레, 2011년 3월 18일자.

## 2. 후쿠시마 원자력 발전소 사고의 배경

후쿠시마 원전 사고의 원인이 비록 천재지변이라고 하지만 사태에 대한 대비는 물론 사고 당시 대응조치 부분에 있어서는 인재라고 하는 이들도 있다. 일단 쓰나미가 원인이 되어 원전사고가 발생하였지만, 쓰나미 피해를 같이 당한 다른 원전들은 큰 문제를 일으키지 않았고, 후쿠시마 제1원전만 돌이킬 수 없는 심각한 상태에 빠진 것은 예측할 수 있던 지진과 쓰나미에 대해 적절한 사전 예방조치가 미흡했고, 특히 사고가 발생 했을 때 신속한 판단과 적절한 대응이 이루어지지 못하여 사태를 악화시켰다는 것이다.

때문에 원전사고와 같이 절대적 위험을 내포하고 있는 산업 시설에 대한 안전은 철저한 사전 예방이 우선이고, 사고발생 상황 시에는 무엇보다 신속한 상황분석과 판단을 통해 정확한 의사결정이 반드시 이루어져야 한다. 신속정확한 의사결정에 따라 철저한 대응과 복구를 하게 되면 많은 이들의 생명과 재산을 지키는 것이 가능해 진다.

이러한 관점으로 자연재난이 엄청난 국가재난으로 확산되게 된 이유를 분석한 논문[72]에서 상황판단에 영향을 미친 요인으로는 지도자의 리더십, 거버넌스 활성화, 집행체제의 효율성, 정책순응과 사회적 합의를 들고 있다. 리더십은 일본 수상의 리더십이 있다. 집행체제의 효율성으로서 일본 정부 관료와 도쿄전력의 재난시스템의 역할과 효율성이 있다. 거버넌스의 활성화는 사고 당시 의사결정체제에 대한 행위주체의 참여와 상호작용 정보공유 등의 활성화 수준을 들 수 있다. 의사결정에

72 전영상, 『일본 후쿠시마 원자력발전소 폭발 사고에 대한 의사결정 상황분석』, 2012, p. 4.

따른 순응성과 사회적 합의 형성에는 이해관계자인 원전사고의 피재자[73] 및 잠재피재자 그리고 일본 국민의 순응성은 물론 사회적 합의 또는 공감대의 형성 정도가 있다.

따라서 일본의 후쿠시마 원자력 발전소 사고가 진행된 배경에는 첫째, 원자력의 높은 위험성과 안전 우선의 원칙 때문에 국책민영의 운영방식이 유지되었지만, 이의 보상 차원에서 마련된 각종 특혜성 제도가 도쿄전력의 경제우선 논리의 배경이 되어, 간 나오토 수상의 불신, 거버넌스의 비활성화, 집행체제의 비효율성의 원인이 되었다. 둘째, 관경유착의 관료문화가 사익추구집단 형성의 배경이 되어, 이들의 사익추구 관행이 도쿄전력 편들기 등 관료들의 행동을 제한하게 되었다. 셋째, 수상의 독선과 불신이 관료들의 행동제약과 소외를 초래해 거버넌스의 비활성화와 집행체제의 비효율성을 초래했다. 넷째, 수상의 성급한 판단과 행동은 도쿄전력과의 갈등을 야기시키게 되어 합리적인 위기관리를 방해하였다.

## 3. 위기관리 단계와 국가방위요소의 작동

### 1) 예방단계와 국가방위요소

일본의 원자력 발전은 1953년 12월 미국 대통령 아이젠하워가 '원

73 피재자(被災者): 재난이나 재앙을 입은 사람(국립국어원, 우리말 샘 사전).

자력의 평화적 이용(atoms for peace)'을 국제연합 총회에서 제안하면서부터 시작되었다. 미국 원자력 산업계의 압력과 원자력 기술의 독점 의도가 내포된 것이기는 했지만, 히로시마와 나가사키에서 원폭을 당했던 일본의 입장에서는 원자력 에너지의 평화적 이용에 대한 제안이 나름대로 강한 의지를 가지게 한 것으로 볼 수 있다. 이후 1955년에 「원자력기본법」이 제정, 첫 상업용 원자력발전소인 토카이 원자력 발전소(16만 6000kw)가 1960년에 착공, 1966년부터 가동되기 시작하였다. 또한 이번 원전사고가 발생한 도쿄전력의 후쿠시마 제1호기는 1971년 도입되었다. 이후에 상업 원자력 시대가 본격적으로 시작되어 2005년도에는 전체 전력의 29.7%를 원자력발전이 차지하게 되었다.

특히 원자력발전의 경우에는 국가의 중요 에너지원이자 안전성을 최우선으로 고려해야 하므로 설립 초기부터 민간회사의 형태를 두고 대립하였으나 민영의 효율적인 경영방식으로 국가의 중요 정책을 수행한다는 취지의 '국책민영'의 운영방식을 선택하게 되었다. 이 국책민영방식을 택한 이유는 원자력 발전과 관련 국가의 확인과 개입이 꼭 필요하기 때문이다. 그 이유는 원전입후보지의 확보와 핵연료의 사용 후 처리문제 때문이다.

이와 같이 예방단계에서는 국가와 전력회사간의 관계속에서 핵 발전소가 발전되어 왔다. 또한 국회에서 이와 관련된 법안을 제정하였다.

### 2) 대비단계와 국가방위요소

이 단계에서는 원자력 운용과 관련하여 유관기관 간의 공정하고도 원활한 협조로 위기발생을 대비한 가운데 국가방위요소가 운용되어야 한다. 그러나 일본의 경우 원자력 산업과 관련하여 '원자력 마피아'라고 불리는 집단에 의해서 운용되므로 공정하게 운용되지 못했다는 부분이 식별된다. '원자력 마피아'는 원자력 전문가, 원자력설비산업계, 관련부처 공무원, 정치인, 언론, 전력산업계, 금융 · 보험업계 등으로 구성된다.

이들의 이권을 살펴보면 다음과 같다. 첫째, 전력회사는 풍부한 자금 확보로 도쿄대학 등 국립대학교 원자력공학과에 연구비와 기부강좌 등을 제공해 왔으며, 전력회사와 원자력 관련 회사 출신은 특임교수로 활동하고 있다. 그에 대해 원자력 공학과 교수들은 원자력안전위원회와 원자력위원회, 심의회 등의 위원으로 활동하면서 원자력 추진에 앞장서 왔다. 둘째, 규제기관 공무원들이 퇴직 후 원자력 관련 기업이나 전력회사 관련 단체들로의 재취업이 보장되어 왔다. 셋째, 원자력 발전소 등의 건설에 투자되는 막대한 자금은 철강, 건설업, 플랜트 등 관련 업계의 내수사업에 큰 영향을 미치고 있다. 넷째, 전력산업계는 일본 최대의 광고주들이며, 특히, 도쿄전력은 단일기업으로 일본 최대의 광고주이다. 전력회사들의 막대한 광고비를 확보하기 위해 대형 방송사가 전직 전력회사의 회장을 감사로 채용한 예도 있다. 또한 신문기자 등이 퇴직 후에 전력회사들이 공동운영하는 연구소의 연구원으로 재취업하는 경우도 많았다. 다섯째, 전력산업계의 노동조합은 정치헌금과 선거지원의 방식으로 국회의원 등 정치권에 영향력을 미치게 된다. 조합원 수 215,000명으로 230개에 달하는 전력산업 관련 노동조합은 선거에 미치는 영향력이 매우 크다. 여섯째, 금융 · 보험업계는 전력회사에 투자하는 대주주들이며 사채를 인수하고 융자를 해주는 직접적인 이해관계자들이다. 국민을 배제한 이러한 이익공동체집단의 상호 이익추구 행위가

국책민영의 틀을 유지 내지 확대하기 위해 기존의 규제제도마저도 자의적으로 운영하게 했다.[74]

이러한 상황을 고려할 때 국가위기관리를 위한 원활한 대비가 제한되었다고 판단된다.

### 3) 대응단계와 국가방위요소

후쿠시마 원전 사고에 대한 위기관리체계에는 도쿄전력과 함께 정부의 관련부처, 소방청, 자위대, 경시청 등 여러 정부기관들이 참여하였다. 상부의 지시에 일방적으로 따라야 하는 일선기관 직원, 원전사고 현장에 투입된 도쿄전력 직원들의 특별한 희생과 각오와는 달리 일본 수상을 비롯한 정부와 도쿄전력의 경영자들은 사태해결에 대한 적극적·능동적 자세가 부족한 것으로 보였다. 특히 정부측은 간 나오토 수상의 독선과 관료 불신으로 인하여 일부 각료들과 실무진들이 소외될 뿐 아니라 눈치 보기에 급급하였다.[75]

위기관리의 주요 주체인 정부와 도쿄전력 상호간의 관계도 원만하지 못하였다. 사고원전으로부터 철수를 막기 위해 간 나오토 수상이 직접 도쿄전력 본사를 방문하여 '도쿄전력을 박살낼 것'이라고 협박까지 했었다.

정보공유에 있어, 정부의 사고대책조직은 원자력안전보안원이 중

74 장정욱 외, "일본 원전사고에서 무엇을 배울 것인가", 『창작과 비평』 제39권 2호 통권 152호, (2011), p. 202.

75 한국일보, 2011년 3월 18일자.

심이며 사고 상황에 대한 1차정보가 온라인으로 전송되어야 했지만 사고 당시 원전의 정전으로 전화 · Fax 등을 통해 도쿄전력 본사를 경유한 정보가 제공되었다. 긴박한 위기상황은 물론 통신망 장애로 인하여 원활한 정보의 제공이 어려웠다. 또한 사고 당시 도쿄전력이 1차 정보의 공개에 소극적이어서 이미 결정된 사항이나 그 결과만 제공되었다. 언론이 정부와 도쿄전력의 정보은폐를 강력하게 항의한 뒤에 분석정보를 제외한 1차 정보를 제공하였다. 이로 인해 상황분석의 어려움이 가중되었고, 정보의 공유가 원활하지 못하였다.

이렇듯 원활한 정보공유와 책임 있는 상호작용은 물론 능동적 참여와 적극적 자세가 제대로 이루어지지 않는 상황이었다. 이러한 상황 속에서 적절한 위기관리 대응이 이루어지기는 어려웠을 것으로 보인다.

### 4) 복구단계와 국가방위요소

후쿠시마 원자력 발전소 사고 이후의 복구단계는 지금도 진행되고 있다. 이와 관련된 국가방위요소의 작동을 살펴보면 다음과 같다.

우선, 도쿄전력은 현재도 피해복구와 관련된 주도적 역할을 하고 있다. 일본 정부도 관련법규를 보완, 정비하는 가운데 지원하고 있다. 일본정부는 2021년 올림픽을 계기로 원전의 피해로부터 복구되었음을 전 세계에 알리고자 노력했으나 실제적으로 세계인이 인식하기에는 제한이 있었다. 특히, 피폭지역의 복구를 위해 일용직 노동자들을 고용하여

운용하는 데는 상당한 문제가 있음을 러시아 언론이 폭로하고 있다.[76]

## 4. 결과 및 분석

### 1) 법규 측면

일본의 재해 및 재난관리에 관한 법령은 기본법으로 재해대책 기본법이 있고 재난 관리단계에 따라 3단계로 구분된 재난예방관계법, 응급대책법, 재해복구 · 부흥 · 재정 · 금융조치법 등이 있다.[77]

일본은 1955년에 「원자력 기본법」을 제정하였고, 그 외에도 후쿠시마 원전사고 이전에 제정된 법령은 「원자력위원회 및 원자력안전위원회 설치법」, 「원자력손해의 배상에 관한 법률」, 「원자력 재해대책 특별조치법」등이 있었다. 이러한 법령을 근거로 첫 상업용 원자력 발전소로서 도카이 원자력 발전소(16만 6,000kw)가 1960년에 착공, 1966년부터 가동되기 시작하였다. 이를 근거로 운영방식은 '국책민영' 방식을 택하였다. 이러한 선택에 의해 민영의 색채가 강한 국책회사인 '일본원자력발전회사'가 관민에 의해 설립되게 되었다. 이후 9개의 민영 전력회사가 중심이 되어 '국책민영'의 취지를 바탕으로 대규모 원자력 발전시대를 열게 되었다.

76 https://namu.wiki/w/후쿠시마 원자력 발전소 사고(검색일: 2022. 8. 20).
77 공성진, 앞의 책, p. 22.

'국책민영체제'는 일본정부가 마련한 추진계획을 민간전력회사가 따라가는 구조이기 때문에 이윤추구가 목적인 기업이 손해를 보지 않게 하는 제도적 장치가 필수적으로 요구되었다. 이러한 수익보장 장치도 법적으로 준비되었는데 그 내용은 다음과 같다. 첫째, '전력판매를 위한 지역독점체제'이다. 1951년 일본의 전국을 9개 지역으로 나누고 각 지역에 관할 전력회사 1개를 배정하여 독점판매토록 하였다. 둘째, 총괄원가주의 하의 '전력요금제도'이다. 이것은 전력의 생산과 판매에 투자된 총비용에 일정한 보수를 합하는 요금제도이다. 셋째, 전기요금에 부과되는 '전원개발촉진세'를 통해 원자력발전소가 입지하는 지자체에 막대한 규모의 교부금을 지원하는 '전원 3법제도'가 있다. 넷째, 원전사고 시 전력회사의 배상금액은 축소하고 정부지원을 보증하는 '원자력 손해배상제도'가 있다. 이러한 제도적 차원의 정부 보호로 인하여 전력회사는 막대한 수익과 거대한 조직을 보장받게 되고 원자력발전의 확대 노선을 지속적으로 강화해 올 수 있었다.[78]

후쿠시마 원전사고 이후 2011년 8월 3일, 「원자력 손해배상지원기구법」이 제정되었다.

### 2) 주관기관

후쿠시마 원전사고의 위기를 조치해야할 주관기관은 일본 정부와 도쿄전력이었다. 일본 정부는 아마쿠다리(낙하산 인사)와 같은 고질적인

---

**78** 장정욱 외, 앞의 글, p. 187.

'관경유착'의 관행이 있었고, 원자력 산업계는 이른바 '원자력 마피아'라는 공동이익 추구집단이 형성되어 있었다. 이러한 원자력산업계와 정부관료의 깊은 유착관계를 배경으로 하는 실무관료진의 도쿄전력 편들기로 인하여 정부조직의 위기관리 역할이 축소되었던 것으로 보인다.[79] 또한 수상의 독선과 관료불신으로 인해 모든 일이 수상의 관저를 중심으로 처리되었고, 주무부서인 후생노동부와 환경부는 오히려 소외되었다. 심지어 구호품 보급과 이재민 대책을 놓고 일본정부 부처끼리 서로 책임을 미루는 일까지 벌어지기도 했다.[80]

도쿄전력은 사고의 직접 책임자임에도 불구하고 경제논리에 매몰되어 원자로 해수주입을 반대하고, 피재자의 대피 소홀은 물론 정보 은폐 등의 행태를 보인 것으로 나타났다. 「원자력 배상법」 제3조는 비정상적으로 거대한 천재지변의 경우 손해배상을 면책하도록 규정되어 있다. 도쿄전력은 천재지변 면책규정을 염두에 두었기에 원전 주변의 피해 확대보다 직원들의 방사능 노출부상이나 해수주입으로 인한 폐로 등 사내의 손실을 더 꺼려한 것은 아닌가 하는 의혹도 있다.

군(軍)은 3월 17일 간 나오토 수상의 지시에 의거하여 자위대가 헬기를 이용하여 공중에서 원자로에 물을 투하하였다. 그 결과 원자로의 냉각에는 실제로 별다른 효과는 없었고, 자위대원 19명이 방사선 피폭의 위험을 겪게 되었다.

이렇듯 수상의 독선, 도쿄전력 편들기에 급급한 실무 관료들, 손해배상회피 등 경제논리를 우선시했던 도쿄전력이 주도한 위기관리가 긴

---

**79** 한겨레, 2011. 3. 18일자.

**80** 한국일보, 2011. 3. 18일자.

박하게 진행된 후쿠시마 원전사고에 대해 효율적으로 대응하기는 어려웠을 것으로 보인다.

### 3) 국민의식

일본은 개인 희생과 단결의 정신이 매우 높은 것으로 알려지고 있다. 과거 국가경제의 비약적 성장 역시 이러한 국민성의 바탕위에 관료통제가 중심이 된 전시 총동원적 국가전략 때문이었다고 본다. 히로시마 원폭과 제2차 세계대전의 패전을 경험한 일본 국민들에게 있어 후쿠시마 원전사고는 이들에게 국가통제에 순응할 각오가 된 듯 비쳐졌다. 가장 큰 피재자(被災者)인 사고원전 주변지역 주민들의 반응 또한 이러한 국민적 정서가 반영된 듯 각오 또는 체념의 자세로 일관되어 보였다. 사고현장에 투입된 도쿄전력 직원들과 일선기관 인원의 자세도 옥쇄(玉碎)를 각오한 전사들의 모습으로 느껴졌다. 이러한 피재자의 순응, 사회적 공감대는 일본 특유의 역사와 문화에서 비롯된 '대(大)를 위한 소(小)의 희생' 및 운명적 체념 이라는 각오에서 주어진 것으로 보이며, 이것은 정부의 소통과 도쿄전력의 설득과 지도에서 비롯된 것이 아닌 것으로 보인다. 위기상황 시 이해관계자들의 순응과 사회적 일체감은 지도층과 사고책임자의 솔직한 정보제공과 책임 있는 해결자세, 진정성 있는 소통, 구체적이고 명확한 복구계획과 충분한 피해보상 등이 전제되어야 한다.

그러나 이번 후쿠시마 원전사고에 대응하는 책임자집단과 지도층은 이러한 모습이 상당히 부족해 보였다. 간 나오토 수상은 사고 직후 원자로의 '노심용융(melt down)'의 가능성을 사전에 인지했지만 '노심손상'이라는 표현으로 변경하고 이를 2개월간 은폐하였다.[81]

운명적 순응, 소극적 일체감은 역동성을 창출하지 못한다. 일본 정부와 도쿄전력의 위기관리 모습은 일본 국민들을 충분히 설득하지 못하였다. 때문에 피재자들의 순응과 국민들의 일체감에도 불구하고 범국민적 차원에서 위기극복의 역동적 에너지를 창출하는데는 한계를 노출시킨 것으로 보인다.

## 5. 통합방위 측면 교훈

본 사례의 통합방위 측면의 교훈은 다음과 같다. 첫째, 자연재난도 국가위기관리 차원에서 관심 있게 관리되어야 한다. 따라서 자연재난 위기와 전통적 안보위기로 구분되어 관리되는 한국의 위기관리 시스템은 통합될 필요가 있다.

둘째, 자연재난으로 인해 원자력 발전소의 폭발사고로 이어질 수 있다. 때문에 한국도 우발상황에 대비한 2중, 3중의 안전장치를 발전시켜야 한다.

셋째, 북한의 핵폭탄 투발에 대비하기 위한 준비 소요를 도출할 수 있다. 방사능 낙진이나 방사능 노출에 따라 국가방위요소별로 무엇을 준비해야 할지 교훈해 준다.

---

81 산케이 신문, 2012. 3. 19일자 12면.

최근 북한의 7차 핵실험이 도래했다는 예측과 이를 통한 전술핵 보유를 우려하는 국민적 정서가 있다. 이에 대해 '가장 중요한 부분은 북한 핵 · 미사일 위협에 대한 국민 경각심을 높이는 것이다. 정부는 북한이 언제든 핵무기를 쓸 수 있다는 점을 국민에게 널리 알려야 한다. 북한 핵 관련 정보를 투명하게 공개하고, 핵무기 사용 시 행동요령 등에 대한 교육을 강화해야 한다'[82]는 주장을 참고할 필요가 있다.

이와 관련하여 전문가의 견해는 '먼저 재래식 무기와 비교해 핵무기의 가장 큰 특징인 방사선 피해의 체계적인 교육으로 정확한 이해 및 준비가 필요하다. 핵무기의 4대 효과에는 폭풍(50%), 열복사선(35%), 초기 및 잔류 핵 방사선(14%), 그리고 전자기파(1%)가 있다'[83]고 제시하고 있다. 이 중에서 방사선에 노출 시 각종 치명적인 유전병 등에 걸릴 수 있으며 방사능 오염지역에 대한 접근이 제한되므로 군사작전과 시민생활에 장기적인 어려움을 초래하므로 군 지휘관은 물론, 국가방위요소 관계관들은 방사선의 정확한 이해를 바탕으로 방사능 오염지역에 투입할 임무요원의 위험을 최소화하면서 성공적인 임무보장을 하기 위한 작전노출지침(Operational Exposure Guidance)을 설정할 수 있어야 한다. 또한 '「보이지 않는 총알」로 불리는 무색 · 무취의 방사선 선율과 선량을 탐지 · 측정할 수 있는 장비와 방호복 등을 확보하고 민 · 관 · 군 · 경 대응체제를 구축해야 한다'[84]는 의견을 고려하여야 한다.

---

82 세계일보(박수찬), "북핵 위협, 국민 경각심 높여야"(2022. 11. 4.)

83 국방일보(김기영), "전술핵 위협 대처방안"(2022. 9. 28.)

84 국방일보, 앞의 글.

# 제7절 우크라이나 전쟁

## 1. 개요

본 책에서 우크라이나 전쟁[85]사례를 연구하는 목적은 국가위기관리 중 전면전과 관련되어 국가방위요소가 어떻게 단계별로 작동되었는지를 확인하기 위함이다. 특히, 국가총력전으로 전쟁을 진행하고 있는 우크라이나의 경우 자국의 국가방위요소와 동맹의 지원, 우방국의 군사지원을 어떻게 운용했는지를 확인할 수 있다. 또한 러시아의 하이브리드전[86]에 우크라이나와 서방국가가 어떻게 대비하고 대응하였는지 교훈을 도출할 수 있는 사례이다.

85 우크라이나 전쟁의 명칭관련, 러시아는 '특별군사작전'이라고 명명하며 전쟁이라는 사실을 숨기고 있다. 우크라이나 입장에서는 전쟁이다.

86 하이브리드전이란 용어는 2002년에 몬트레이 해군대학원에서 체첸전을 연구한 네메스(Nemeth) 소령이 처음 사용함. 그는 체첸 사회가 前 현대와 현대가 공존하는 하이브리드적 국가와 사회구조를 지녔고, 이러한 구조를 이용해 체첸인들을 대대적으로 전쟁에 동원할 수 있었다고 함. 이러한 하이브리드 사회에서 유연하고 효율적으로 정규전과 비정규전의 요소가 결합된 하이브리드 전투 형태가 나왔다고 분석(유남주, '스베친의 전략론에 의한 러시아 하이브리드전 분석', 국민대 석사논문, 2021, p. 10.).

우크라이나 전쟁의 원인에 대해서는 다양한 분석과 접근이 있다. 그중 '강화되는 대외 압박, 흔들리는 국내 기반, 푸틴의 범 슬라브 민족주의 성향의 삼박자는 푸틴이 다시 한번 공세적 대응을 통한 정세전환을 모색하게 되는 동인이 되었다'[87]고 보는 관점이 있다. 한편, 우크라이나가 돈바스 지역의 안정화를 위해 진행한 작전간 제기된 러시아계 주민들에 대한 인종청소 문제가 있다. 즉 우크라이나의 아조프 연대[88]는 2014년 5월 의용 민병대로 결성된 이후, 돈바스 전쟁에서 러시아 분리주의 세력과 싸웠고, 2014년 6월 친러 분리주의자들로부터 마리우폴을 탈환하였다. 2014년 11월 12일, 아조프 연대는 우크라이나 국민위병에 편입되었고, 이후 모든 대원은 국민위병에서 복무하는 공식 군인이 되었다. 블라디미르 푸틴의 전쟁 명분 중 하나가 우크라이나의 "탈나치화"이기 때문에 마리우폴은 러시아군의 중요한 이념적 목표였다. 또한, 우크라이나의 취약한 방위상태가 전쟁을 초래한 원인이라는 측면도 생각할 수 있다.

'우크라이나'[89]는 한국과의 유사성이 많이 있다. 첫째, 접경지역에 있다는 점이다. 우크라이나가 러시아와 유럽의 경계에 있듯이 한국도 권위주의 국가와 자유주의 국가의 접경지역에 있다. '러시아인들은 우크라이나를 유럽과 중간에 위치한 경계지대라는 것으로 받아들이지, 독립국가로 받아들이지 않는다는 것이다.'[90] 둘째, 핵을 보유한 국가와 상

87 고명현, "우크라이나 전쟁의 전략적 함의"(아산정책연구원, 2022), 이슈브리프, p. 6.

88 아조프 연대는 아조프해 연안 지역인 마리우폴에 근거지를 두었으며 극우, 네오나치로 과거 준군사조직이었으나, 현재는 우크라이나 국민위병 소속이다.

89 '우크라이나'의 의미는 우: '어디에 있다'는 단어와 크라이: 경계 · 변경이라는 단어가 합성된 의미다.

90 주은식, "러시아 국가안보 전략평가와 영향"(전략연구, 2022), p. 14.

대하고 있다. 러시아가 이번 전쟁에서 핵사용을 위협[91]한 것처럼 북한도 핵사용을 위협[92]하고 있다. 셋째, 적국에 동조하는 국민들이 있다. 우크라이나 영토이지만 러시아계 주민이 많이 살고 있는 돈바스와 루한스크, 도네츠크는 러시아로 편입되는 것을 원하는 주민이 많다. 한국에서도 북한의 대남적화전략에 따라 직 · 간접적으로 국가안보에 영향을 주는 세력이 있음을 부인할 수 없다.

따라서 본 사례연구를 통해 우크라이나가 전쟁이 발생하기 전에는 어떠한 예방적 조치를 하며 대비하였는지, 전쟁이 발발한 이후에는 어떻게 대응하며 복구활동을 하고 있는지를 확인한다. 이를 통해 정치적, 지리적 여건이 유사한 한국의 국가위기관리와 전면전 대비의 교훈을 도출해 본다.

## 2. 우크라이나 전쟁의 특징과 의미

우크라이나 전쟁은 다음과 같은 특징이 있다. 첫째, 하이브리드 전쟁(hybrid warfare)이다. 하이브리드 전쟁은 '군사적 수단과 비(非)군사적 수단을 혼합해 전쟁 상대국의 혼란과 불안을 야기하는 것을 말한다. 즉, 기존 재래전은 물론 사이버 공격, 가짜뉴스, 정치공작 등의 수단을 총동원해 상대국에 공포와 혼란을 일으키는 전쟁을 가리킨다'[93]라고 정의되

91 푸틴은 핵사용 관련 부대에 지시한 바 있다(한국일보, 2022.5.4.)

92 김정은, 김여정 발언(한국일보, 2022.5.4.)

93 박문각, 『시사상식사전』(https://terms.naver.com/entry.)

어 있다. 하이브리드 전쟁과 회색지대와의 관계에 대해서 "군사적 수단과 기타 비군사적 수단이 혼합된 전면전의 문턱을 넘지 않는 '회색지대'(gray zone)에서 이뤄지는 '복합전'(hybrid warfare)"[94]이라고 보는 연구자도 있다.

이러한 '회색지대'용어가 정부의 공식적인 문건에 처음 등장한 것은 미국의 2010년 '4개년 국방태세보고서(Quadrennial Defense Review, QDR)'로서 중국 등의 국가들이 국제질서에 대해 도전하는 현상을 "완전한 전쟁도 평화도 아닌 모호한 회색지대(gray area)"로 표현한 것이 시초가 되었다.[95] 러시아는 하이브리드전으로 결정적인 군사활동을 위한 발판을 마련하였다. 침공 구실을 만들기 위한 가짜깃발작전(false flag), 가짜뉴스는 물론 정보전, 심리전, 사이버전, 경제전, 테러, 선전선동, 주민투표라는 합법화의 방법까지 구사하였다.

둘째, 첨단 테크 기업들의 참여이다. 이번 전쟁기간 동안 글로벌 빅테크 기업들이 러시아에 서비스를 중단하고 우크라이나를 지원하였다. 구글은 우크라이나 실시간 도로망에 대한 정보를 차단하였고, 일론 머스크는 스타링크를 통해 우크라이나에 인터넷망을 제공하였다. 구글과 애플은 러시아 정부의 선전 · 선동을 차단하기 위해 노출을 최소화하였다. 비자와 마스터카드, 아메리칸 익스프레스, 미국의 Netflix, McDonald, 중국의 TikTok 등도 러시아 영업을 중단하였다.

셋째, 세계시민의 참여가 있었다. 우크라이나 정부의 IT군 공개 모집에 세계의 해커들이 참여하여 보름만에 30만명이 가입하였다. 해커

---

94 김종하, "북한의 대남 회색지대 전략: 개념, 수단 그리고 전망"(한국군사학논총 제10집 1권, 2021), p. 32.

95 홍규덕, "하이브리드 전쟁의 역설: 우크라이나 전쟁의 교훈"(전략연구, 2022), p. 56.

그룹인 어나니머스(Anonymous)가 러시아에 사이버 전쟁을 선포하고 러시아의 가즈프롬, 국영 언론사 RT, 크렘린 공식 사이트 등 러시아 정부 기관과 동맹국인 벨라루스 정부의 관련 사이트를 다운시켰다.

또한 우크라이나 전쟁은 새로운 의미를 내포하고 있다.[96] 첫째, 영토보존과 자결권의 원칙이 훼손되었다. 러시아는 우크라이나를 침략함으로써 제2차 세계대전 이후 유지되어 왔던 영토보전의 원칙을 훼손했고, 우크라이나가 NATO나 EU에 가입하려는 자결권을 무시함으로써 기존 질서에 심대한 타격을 주었다. 즉, 자유주의 국제질서에서 존중되는 일반적 가치 · 원칙과 푸틴 대통령이 펼치는 지정학적 논리인 러시아 세력권 회복이라는 논리가 정면으로 충돌한 것이다.

둘째, 기존 제도에 대한 회의 및 절망감을 안겨주었다. 유엔의 권능에 대한 타격과 국제적십자사와 국제사법기관들의 무기력함이다.

셋째, 신냉전의 도래이다. 미국의 중국 견제가 신냉전의 시작이었으나 러시아의 우크라이나 침공이 이를 현실화 및 가속화시키고 있다. 또한 가치 중심의 세계와 권위주의 세계와의 대치이다. 앞으로 세계는 자유, 민주주의, 인권, 법치 등 자유주의 국제질서를 중시하는 가치 중심의 세계와 권위주의 체제로 분할될 가능성이 있다.

넷째, NATO의 강화 및 역할 확대이다. NATO는 국방비를 대폭 증대하고 있다. 독일의 숄츠 총리는 매년 GDP의 2% 이상으로 증액을 발표하였고 올해 특별방위기금으로 1000억 유로(약 125조 원)를 한 차례 증액하였다.

---

96 김열수, 「우크라이나 전쟁과 한반도 안보 함의」(2022 전반기 KIMA 국방정책세미나), p. 25.

다섯째, 군비경쟁 가속화이다. 군사력만이 자국의 안보를 담보할 것이라는 확신을 가지게 하여 유럽의 국가들과 동아시아 국가 등은 군비경쟁을 가속화할 것이다. 또한 방위산업이 활성화되는 반면, 러시아제 무기에 대한 선호도는 감소할 것이다.

우크라이나 전쟁이 한반도 안보에 미치는 영향은 다음과 같다. 첫째, 한반도가 신냉전의 최전선이 될 수 있다는 것이다. 따라서 한반도에서 대리전의 촉발요소를 제거하는 등 다방면의 대비가 필요하다. 둘째, 북한의 핵무기 보유의지가 높아지는 것이다. 북한은 한때 세계 3대 핵무기 보유국이었던 우크라이나가 비핵화한 후 침공당하는 것을 보면서 절대로 비핵화하면 안 된다는 교훈을 얻었을 것이다. 셋째, 북한 비핵화 및 추가적인 대북제재의 한계이다. 향후 추가적인 대북제재에 대해 러시아와 중국은 비토권을 행사할 것으로 예상된다. 넷째, 비핵화와 통일에 대한 한반도 문제에 있어 중국과 러시아의 비우호적 태도의 가능성이다. 러시아 침공에 대해 중국은 유엔 총회에서 기권하였고 러시아는 한국을 비우호적 국가로 규정하였다. 다섯째, 북한의 도발가능성이 높아진다는 것이다. 북한은 하이브리드전의 형태로 대한민국의 정체성을 약화시키기 위한 다양한 방법을 구사할 것으로 예상되어 이에 대한 대비가 필요한 시점이다.

## 3. 위기관리 단계와 국가방위요소의 작동

우크라이나 전쟁은 현재진행형이다. 따라서 국가위기관리 단계 이론으로 보았을 때 예방과 대비를 지나 대응단계가 진행 중인 가운데 일부 복구도 병행되고 있다. 앞의 6가지 사례는 평시의 국가위기관리 성격이 강하지만 본 사례는 전시와 관련된 국가위기관리라는 측면에서 국가방위요소의 작동관계를 확인하는 의미가 있다.

### 1) 예방단계와 국가방위요소

우크라이나 전쟁이 발생하기 전 예방단계에서 우크라이나의 노력은 어떤 것들이 있었는지 확인 한다. 이 단계에서는 외교적 노력을 통한 위기관리가 중요한 부분이다.

2014년 4월 돈바스 지역에서는 정부군과 반정부군 간에 내전 상태가 시작되었으며, 인도적 참사가 지속되어 왔다. 이런 상황들을 해소하기 위해 러시아와 우크라이나 그리고 도네스크 · 루한스크 자치구 4개 주체가 모여 일종의 휴전협상을 체결하게 되는데 바로 민스크 협정이다. 민스크 협정은 상호 간 적대행위를 중단하고, 일정 영토 안에 중화기 등 살상용 무기 반입을 금지하는 내용을 포함한다. 그러나 민스크 협정이 잘 작동되지 않았다.

서방은 러시아의 우크라이나 침공 가능성에 대비하기 위해 흑해 지역을 포함해 국경지역에서 대규모 연합훈련을 시행해 왔다. 특히 2021년 6월에 영국 군함은 러시아 입장에서 실효적으로 지배하는 흑해 영해를 진입했고, 러시아는 이제 그것을 자국에 대한 침범으로 규정했다. 이 과정에서 러시아와 서방 간 군사적 대응 수위가 높아졌고 11월에 이르면서 전쟁 가능성이 현실화되기 시작했던 것이다. 이러한 과정에서 우크라이나의 국가방위요소인 정부기관의 외교적 노력은 식별되지 않는다.

우크라이나는 전면전이 발생하여 전쟁 중에 있기 때문에 국가위기관리 차원에서 예방에 실패하였다고 판단된다. 국가의 존재 이유가 국민의 생명과 재산을 보장하는 것인데 전쟁이 발발하여 많은 국민이 사망[97]하고 인접국가로 피난[98]하는 경우가 발생하였다.

'이번 전쟁은 푸틴의 오판, 서방측의 대러 억지전략 실패의 합작물이다'[99]라고 분석하는 전문가도 있다. 비록 푸틴 정권이 미국과 EU가 주도하는 강력한 보복성 경제제재로 인해 큰 어려움을 겪고 있기는 하지만, 서방의 경제제재 전략이 푸틴의 오판을 막지는 못했다는 것을 부정할 수 없다. 유럽의 경제제재와 미국의 반(反)회색지대전략이 충분한 억지력 발휘를 위해 우크라이나의 군사적 억지력 확보가 우선되었어야 한다. 이와 같이 우크라이나의 국가방위요소 중 군사력이 약화되어 적국에 오판을 가져오게 했다는 것은 예방적 차원에서 준비가 부족했다는 것을 나타낸다. 우크라이나가 충분한 억지력을 발휘하지 못한 데는 아이러니하게도 러시아의 자극을 피하기 위해 미국과 EU 핵심국인 프랑스와 독일이 우크라이나 군대의 전력지원을 제한했기 때문이다. 또한 이들 국가들은 우크라이나의 나토 가입을 거부, 우크라이나가 나토의 유럽방어선 밖에 위치했음을 시사하였다. 문제는 미국의 대러 견제, 러

---

**97** 2022년 12월 1일 현재, 우크라이나 군인 사망자는 13,000여 명, 부상자는 30,000여 명이다. 민간인 사망자는 33,000여 명이다(우크라이나 정부 발표).

**98** 2022년 12월 1일 현재, 우크라이나 민간인 피난민의 수는 천만여 명이다(유엔난민기구 발표).

**99** 고명현, "우크라이나 전쟁의 전략적 함의: 억지력 개념 중심으로"(아산정책연구원, 2022), 이슈브리프, p. 3.

시아의 내부 불만이 결합된 압박에 당면한 푸틴의 입장에서 볼 때 서방의 불개입 신호는 오히려 우크라이나 침공을 자극하게 되었다는 것이다. 바로 이 지점에서 예방단계에서 역할을 해야 하는 우크라이나 정부기관의 외교, 국방의 역할이 부족했던 결과로 해석할 수 있다.

### 2) 대비단계와 국가방위요소

우크라이나는 2014년에 강제적으로 크림반도를 침탈당한 이후 러시아의 위협에 대응하기 위해서 나토군을 자국에 받아들였다. 그래서 '현행 헌법상 나토군과 외국 군대가 주둔할 수 없기 때문에 그것에 대한 특별법을 제정해서 러시아 침공에 대비하기 위해 모든 무기체계와 군구조, 장교 · 부사관 · 병사 양성에 이르기까지 시스템을 나토식으로 전환'[100]했다. 이는 지난 9년 동안 이어졌다.

한편 러시아의 침공 직전까지 현지에서 러시아의 회색지대 갈등 전략을 경험한 바 있는 우크라이나는 그동안의 학습 경험을 토대로 나름의 대처 방법을 익히는 등 진전을 보이기도 하였다. 이 과정에서 우크라이나는 이후 전쟁에서 더욱 극적으로 드러나게 되지만 러시아의 회색지대 전략을 격퇴하기 위해서는 러시아의 군사력을 동시에 공격하는 동적 접근법과 비(非)동적 접근법이 통합되어야 하고, 동시에 러시아군이 계속 비밀리에 작전을 수행할 수 있는 능력을 격퇴해야 된다는 교훈을 얻게 된다.

---

100 두진호, 「우크라이나 전쟁과 한반도 안보 함의」(한국군사문제연구원, 2022), p. 8.

우크라이나는 전면전의 위협을 인식하면서도 적극적인 대비를 하지 못하였다. 러시아가 국경 인근에 병력을 상시 배치하기 시작한 것은 2021년 3월로 전쟁 발생 1년 전이었다. 예방단계에서 언급한 서방의 무기원조 부족도 원인이었지만 우크라이나는 국가방위요소별 대비도 부족하였다.

우크라이나 경찰법 제7조에 우크라이나 경찰에 관한 조항에 의하면, 우크라이나 경찰은 공공안전 민병대, 교통 민병대, 형사 민병대, 국가 자동차 검사소, 경비 민병대, 법정 민병대, 특수 민병대, 그리고 내무보안국 등 8개의 국을 두고 있다. 또한, 지방 부서와 수사, 소년경찰, 교통경찰, 민간지원 보안경찰 및 비정규 순찰, 지역 조사관 등으로 구분되어 있다.

이러한 경찰조직의 구조에 대한 법적 근거는 우크라이나의 독립 이전인 1991년 당시 1990년경에 제정한 경찰에 관한 법률에 근거한 것이다.[101] 또한, 당시 우크라이나 경찰의 주요 임무는 구소련 공화국 시대와 마찬가지로 시민 보다는 국가를 보호하기 위한 활동 또는 특정 단체와 특정인을 위한 경호 임무를 수행하는 것이었다. 따라서 이번 전쟁에 대비하는 경찰의 활동은 국민들의 생명과 안전을 보호하는 데는 제한되었다.

우크라이나의 사이버전 관련 대비도 미흡했음을 확인할 수 있다.[102] 전쟁 직전 러시아는 우크라이나 정부, 군, 은행 웹사이트를 대상으로 수

---

101 홍성주, 「시민들의 경찰에 대한 협력의지에 영향을 미치는 요인에 관한 비교연구」(경기대학원, 2020), p. 76.

102 이용석 · 정경두. "러시아 대 우크라이나 사이버 전쟁의 교훈과 시사점", 『국방정책연구』 통권 137호, p. 55.

차례 DDoS 공격을 하였다. 2월 15일 러시아는 DDoS 공격으로 우크라이나 국방부, 외교부, 문화부 웹사이트와 은행 2곳(Privatbank, Oschadbank)에 대한 접속을 중단시켰다. 이러한 공격은 우크라이나 정부 기능을 약화시키려는 목적을 가지고 정부 기관과 군사, 경제체제를 교란한 것이다.

### 3) 대응단계와 국가방위요소

우크라이나 전쟁과 관련된 대응은 현재도 진행 중이다. 대응단계에서 가장 주목할 것은 젤렌스키 대통령의 자세이다. 국가 지도자인 대통령이 조국수호 의지를 SNS를 통해 밝힘으로 러시아의 거짓뉴스에 국민들이 동요하지 않도록 하였다. 또한 러시아가 초기 작전에 실패한 결과에서도 확인되듯이 우크라이나 군인과 국민들의 결연한 항전의식은 놀라운 측면이 있다. 국가방위요소인 국군, 경찰, 소방과 예비군의 전투모습은 통합된 그들의 의지를 보여주기에 충분하였다. 심지어 러시아의 전차를 저지하기 위해 민간인인 철공소 주인이 장애물을 만들어 대비하는 모습은 국가총력전 차원에서 시사하는 의미가 컸다.

우크라이나는 이번 전쟁에 20만의 정규전 병력과 10만 명의 준군사부대를 방어작전에 투입했으며, 이후 지속해서 전 국민에 대한 부분적 동원을 시행하고 있다.[103] 또한, 우크라이나 영토방위군(Territorial Defense Force)의 활약과 이를 뒷받침하는 자발주의(voluntarism)의 중요성이

---

**103** 김규철, "우크라이나 전쟁에서 러시아의 작전 분석", 『전략연구』(한국전략문제연구소, 2022), p. 104.

있다. 우리의 예비군에 해당하는 우크라이나 영토방위군은 민간 자원들이 모여 자신의 지역 사회를 지키기 위해 자발적인 군사훈련을 실시해왔다. 특히 러시아의 침공 직후 돋보이기 시작한 영토방위군의 활약은 잘 조직되고 훈련된 민간 영토 방위군이 존재 한다면 하이브리드 전쟁이 대세가 되어가고 있는 현대전에 아주 요긴하게 주요 도시와 군사 거점 방어에 활용될 수 있음을 증명하고 있다.

이번 전쟁 기간 중에 벌어진 중요 변화 중의 하나로 나타난 국제사회의 민간차원의 대 우크라이나 지원 역시 러시아군이 불리한 상황에 처하게 된 주요한 원인이 되었다. 여기에서 국가방위요소의 확장성을 생각해 볼 필요가 있다. 즉 전면전의 경우 동맹과 우방국의 민간요소가 전쟁의 승패를 좌우하는 데 크게 기여한다는 측면을 생각해야 한다. 예를 들어 일론 머스크(Elon Reeve Musk)가 운용하는 스페이스 X는 민간 위성을 이용한 민간 정보력의 지원 등의 형태로 이루어지면서 러시아가 예상하지 못했던 새로운 전쟁 패러다임으로 등장하고 있다. 이 밖에도 공중 정찰의 의미인 '아에로로즈비드카(Aerorozvidka)'로 불리는 민간 드론부대의 경우에는 러시아군 전차, 장갑차, 전술차량에 대해 치명적인 손상을 입힘으로써 전쟁 초기 우크라이나군이 러시아에 대한 공중 영역에서 상대적인 전술적 우위를 점하는 데 결정적 기여를 하였다.

한편, 미국을 비롯한 서방은 러시아에 대한 경제제재와 병행하여 우크라이나에 무기 및 군사물자를 〈표 3-7〉과 같이 지원하고 있다.[104]

---

104 "Defense Department Announces $300 Million in Additional Assistance for Ukraine," https://www.defense.gov/News/Releases/Release/Article/2987119/defense-department-announces-300-million-in-additional-assistance-for-ukraine/(검색일: 2022.4.1.); 『주간 국제안보군사정세』 2022-4-2호(통권 193호), 한국국방외교협회(2022.4.10.), p. 5.

〈표 3-7〉 미국 및 서방 국가의 무기 지원 현황(2022.4.1. 현재)

| 국가 | 지원 내용 |
|---|---|
| 미국 | • 대공무기: 스팅어 1,400기<br>• 대전차무기: 재블린 5,000기, 가타 대전차무기 7,000기<br>• 무인기: 스위치블레이드 자폭 드론, Puma 무인기 등 다수<br>• 소총류 7,000정, 탄약 5천만 발<br>• 기타: 개인방호물자, 감시장비, 레이더 시스템, 다목적 장갑차량 |
| 서방 각국 | • 호주: 미사일 및 무기류(5,160만 달러)<br>• 벨기에: 대전차무기 200발, 자동소총/기관총 5,000정<br>• 캐나다: 개인화기 및 탄약 150만 발<br>• 크로아티아: 소총, 기관총, 보호장비(1,650만 유로 상당)<br>• 체코: 화기류 4만 정, 박격포 4,000문, 탄약 1백만 발<br>• 덴마크: 대전차무기 2,700발, 스팅어 미사일 300발<br>• 에스토니아: 재블린 대전차 미사일, 곡사포 9문<br>• 핀란드: 소총 2,500정, 탄약 15만 발, 대전차무기 1,500발<br>• 프랑스: 대전차무기, 곡사포<br>• 독일: 대전차무기 1,000발, 스팅어 방공시스템 500기<br>• 그리스: 국방 및 의료장비<br>• 이탈리아: 군사장비 이전 의회 승인 대기 중(스팅어 미사일)<br>• 리투아니아: 스팅어 미사일 및 탄약<br>• 네덜란드: 스팅어 미사일 200발, 소총 및 실탄 3만 발<br>• 노르웨이: 대전차무기 4,000발, 헬멧, 방탄조끼<br>• 포르투갈: 수류탄, 탄약, G3 자동소총<br>• 루마니아: 유류(3백만 유로), 방탄조끼, 헬멧, 탄약, 의료기기<br>• 스페인: 대전차무기 1,370기, 소총탄 70만 발, 의약품 20톤 |
| 서방 각국 | • 스웨덴: 대전차무기 5,000발, 헬멧, 위장복<br>• 터키: 드론 공동 생산<br>• 영국: 단거리 대전차 미사일 10,000발, 장갑차 120대 등<br>• 일본: 방탄조끼, 헬멧 등 |

출처: 김규철, "우크라이나 전쟁에서 러시아의 작전분석", 『전략연구』(한국전략문제연구소, 2022), p. 89 일부 수정

또한, 민간 IT 부대의 경우 러시아의 사이버 공격을 격퇴하면서 역으로 러시아 네트워크와 기반 시설에 대한 해킹과 DDoS 공격을 수행

하는 전과를 남겼다.[105] 이와 관련하여 우크라이나 정부는 미처 준비하지 못한 사이버전 능력을 보완하기 위하여 2월 27일 정부 주도로 민간 IT 전문가들을 중심으로 'IT의용군'을 창설하였다.[106]

### 4) 복구단계와 국가방위요소

우크라이나 전쟁은 현재도 진행 중이지만 복구도 병행되고 있다. 복구와 관련된 국가방위요소의 운용 중 언론을 통해 식별되는 소방의 모습은 의미가 있다. 우크라이나 소방은 러시아의 포격으로 화재가 발생한 현장에서 화재의 진압은 물론, 사상자의 후송 · 치료에 적극 활동하고 있다.

한국은 소방을 국가방위요소화하는 법제화가 통합방위본부 차원에서 진행되고 있다.

---

105 David Hambling, "How Ukraine Perfected the Small Anti-Tank Drone," Forbes, June 1, 2022. https://www.forbes.com/sites/davidhambling/2022/06/01/how-ukraine-perfected-the-sm.

106 이용석 · 정경두, 앞의 책, p. 40.

## 4. 결과 및 분석

### 1) 법규 측면

우크라이나의 국가방위요소가 통합되어 운용되는 것과 관련법규의 작동은 어떠했는지를 확인한다. 우크라이나 법에는 나토군이 국가지역내로 진입할 수 없기 때문에 특별법을 만들어 나토군의 진입을 보장한 것은 적절한 조치이다. 전면전에 대비한 국가동원령 선포와 이와 관련된 법규의 시행도 적절하게 작동된 부분이 있음을 확인할 수 있다.

그러나 우크라이나는 국내 · 외의 사이버침해에 대하여 국가가 법적으로 대응할 수 있도록 하는 '사이버보안법'이 없다.[107] 우크라이나에는 2010년 7월 20일 제정한 『국가안보기본법』이 있으나 동법 서문에 '국가 이익을 보호하고 중요한 국가 활동의 모든 영역에서 외부 및 내부 위협으로부터 개인, 사회 및 국가의 안전을 우크라이나에서 보장하기 위한 국가정책의 기본을 정의'하고 있다고 명시하고 있다. 즉 사이버 관련 언급은 없다.

한편, 젤렌스키 대통령은 전쟁 발발 직전인 2022년 2월 17일 '암호자산 합법화 법안'에 서명하였다. 이후 우크라이나 정부는 트위터를 통해 전 세계에 암호화폐 기부를 요청했다. 이를 통해 반러 세력이 우크라이나의 전쟁 지속능력 확보를 위해 암호화폐를 기부하여 2022년 3월 16일 1,600만 달러의 암호화폐가 우크라이나에 기부되었다.[108]

---

**107** 이용석 · 정경두, 앞의 책, p. 67.

**108** 이용석 · 정경두, 앞의 책, p. 62.

본 전쟁과 관련하여 국제법적으로 검토한 자료[109]에는 우크라이나 침공의 경우, 유엔헌장 제2조 4항에 명백히 위배되는 행위이고 러시아에 대한 무력공격 또는 임박한 무력공격이 없었기 때문에 자위권이 성립되기 어렵다는 점에서 침략범죄에 해당될 수 있다고 본다.

'2022년 3월 16일 국제사법재판소는 러시아가 우크라이나 내에서의 군사작전을 중단해야 한다고 명령'[110]하였다. 이것은 국제사회가 러시아의 침공의 부당성을 증명한 결과이다. 이 결과는 우크라이나 국가방위요소의 통합에 도움이 되었다고 해석할 수 있다.

국제법은 강대국들 간의 이해관계 속에서 제2차 세계대전 이후 유럽에서 이루어진 가장 광범위한 군사공격을 예방하지 못하고, 러시아 지도자들에 대한 책임 추궁도 어렵다는 것이 드러남으로써 우크라이나 전쟁은 현 국제법 체제의 한계를 보여주고 있다.

### 2) 주관기관

우크라이나 전쟁의 가장 중요한 주관기관은 대통령이라고 볼 수 있다. 전쟁개시일인 2월 24일 러시아는 '젤렌스키 대통령이 이미 수도 키이우를 탈출했다'는 흑색선전을 하였다. 이에 볼로디미르 젤렌스키 대통령은 2월 26일 '트위터'에 자신의 각료들과 함께 키이우 시내 거리를 활보하는 동영상을 공유함으로써 가짜뉴스를 간단하게 불식시켰고,

---

109 남승현, "우크라이나 침공에 대한 국제법적 검토"(국립외교원 외교안보연구소, 2022), p. 16.

110 남승현, 위의 글, p. 10.

오히려 러시아군과 끝까지 싸우겠다는 결의를 천명함으로써 국민의 안심과 지지를 끌어내 전 세계 군사전문가들의 예상과는 다르게 러시아군의 속전속결에 제동을 걸었다. 하지만 전쟁은 대통령 1인이 하는 것이 아니기 때문에 국가위기관리 측면에서 주관기관의 대응을 분석해 본다.

예방단계에서 주도적으로 역할 해야 하는 외교부의 경우 러시아와의 원활한 대화를 통해 전쟁억제에 실패한 면이 있다. 국방부의 경우 군사력을 건설하고 대비태세를 갖추어 전쟁을 억제해야 했으나 내외부적 요인으로 그러하지 못했다. 대비단계에서 동원령 선포가 늦어져 군부대의 대비태세 구비가 취약해진 면과 주민의 안전한 대피도 문제가 되었다. 대응단계에서 국가방위요소가 통합되어 전쟁을 진행하는 것은 적절하다고 본다. 특히, 동맹과 우방국은 물론 외국의 민간요소까지 동참하여 진행하는 이 전쟁은 우크라이나에게 유리한 측면이 있다. 복구단계는 현재 전쟁이 진행되기 때문에 정리하기가 제한된다. 다만, 전쟁중이라도 우크라이나는 국민들의 생활을 위해 제한된 범위 내 복구를 진행하고 있다.

### 3) 국민의식

2014년도 크림반도 병합 이후에 우크라이나가 실시했던 5월의 조기 대선의 결과를 보면, 오렌지 혁명의 영향으로 민족주의 세력들이 서부에서 선전했으며 친러시아 지지 세력은 동부에 분포해 있었다. 즉 크림반도 병합 이후에도 여전히 우크라이나의 국론은 분열되어 있었다. 때문에 국가위기 관리를 위한 국민들의 하나된 의식이 부족하였다.

그러나 크림반도 병합 이후에 지난 9년의 시간 동안 우크라이나는 상당한 수준의 민족적 자각의식과 러시아에 대한 혐오감 혹은 우크라이나 영토를 스스로 지켜나가야 한다는 인식이 이미 강력하게 확산되어 있었던 것이다.[111] 우크라이나 내부의 취약성을 활용하여 단기간에 전쟁을 끝낼 수 있다는 러시아 전쟁지도부의 판단은 오판이었던 것이다.

우크라이나 정부가 여론전을 통해 펼친 국민 결집 노력은 전 세계와의 소통을 통해 전달되고 이에 26만 우크라이나 해외 교포들의 호응이 이어지면서 자신들의 조국을 위한 재입국이 이어졌다.

## 5. 통합방위 측면 교훈

북한은 그간 우크라이나 사태와 관련해 러시아의 입장을 지지하는 태도를 보여왔다. 지난 2014년에 러시아가 크림반도 병합 당시, 그리고 현재 우크라이나 전쟁 시점에서 북한은 러시아와의 관계를 더욱 긴밀하게 추구하고 있다.

한편, 북한이 하이브리드전 차원에서 다양한 도발을 시도할 것이 예상된다. 러시아가 2014년 크림반도를 병합하던 당시를 복기해보면, 러시아군이 정규전과 특수부대 · 신속대응군 · 비정규전 부대 등 다양한 조직을 융합하여 운용하는 비정규전의 혼합방식을 병행하였을 뿐 아니라, 정치전 · 정보전 · 범죄행위 및 비군사적 수단 등을 활용하는 전형

---

111 정상진, "'수십 년 읽힐 명문' 외신 극찬… 젤렌스키 연설문 어떻길래"(조선일보, 2022.9.15.)

적인 하이브리드전을 중심으로 작전을 수행했다. 북한도 러시아의 사례를 참고하여 다양한 하이브리드전 유형의 도발 능력 강화를 시도할 수 있다. 아마도 북한이 고려할 하이브리드전 차원의 도발로는 회색지대를 활용한 사이버전과 정보전, 기 수행해온 특수전, 외교전 등을 예상할 수 있을 것이다.

따라서 북한의 이러한 '하이브리드전'에 가장 유용한 대비체계가 '통합방위'이다. 포괄안보적 관점에서 이번 전쟁의 통합방위와 총력전 측면의 교훈은 다음과 같다.

첫째, 한 · 미간 군사동맹의 결속력을 강화시키고 대한민국의 독자적인 전력을 보강하여야 한다. 한국형 3축 체계를 조기에 확보해서 나날이 고도화되는 북핵 · 미사일 위협에 대비한 대북 억제 능력과 대응 능력을 확충해 나가야 한다.

둘째, 민간자산을 통해서 전쟁지속능력을 유지하고 있다. 인터넷 등 네크워크가 러시아군의 공격에 의해 파괴되었지만, 우크라이나 전쟁지도부는 서방으로부터 받아들인 여러 위성 통신들을 활용해서 여전히 공세적인 정보작전을 실시하고 있다. 앞으로 우리 군이 운용하는 지상전술 C4I 체계나 KJCCS[112] 등이 붕괴되었을 때 어떻게 민간자산을 활용해서 군사작전을 할 것인지, 또 연합 · 합동작전 차원에서 어떻게 대응할 것인지 지금부터 고민을 시작해 한다고 생각한다.

셋째, 작전환경의 도시화에 따른 민간 인프라 활용 대비 미래지향적 민군관계 발전방안을 모색해야 한다. 또한, 민과 군이 얼마만큼 적절하게 상황을 공유하는가가 국가총력전을 펼치는 데 있어 중요한 요소가

---

112 KJCCS(Korean Joint Command & Control System), 한국군 합동 지휘 통제 체계.

된다. 반면, 정보를 조작하여 왜곡된 이미지를 확산하는 상대방 국가의 전략 커뮤니케이션에 어떻게 대응하는가에 대한 숙제도 안겨 주었다.

넷째, 심리전과 여론전의 역할이 그 어느 때보다도 중요하다는 점이 더욱더 극명해졌다.[113] 하이브리드전의 핵심은 가짜뉴스와 여론전, 심리전을 통해 국민을 단결시키고 상대방을 위협하거나 전의를 상실하게 만드는 것이다. 따라서 가짜 뉴스를 식별하고 이를 차단하면서 여론전, 심리전을 통해 국민과 국제사회를 단결시키는 노력이 무엇보다 중요해졌다. 또한 적의 군사적 도발이나 충돌사태 또는 하이브리드전이 발생할 경우 군과 정부, 언론 상호 간의 이성적인 쌍방향 소통을 통해 효과적인 위기관리 커뮤니케이션 시스템이 가동되어야 하며 국민의 알 권리 충족과 동시에 군과 언론 간의 불필요한 갈등 요소를 줄여 군과 정부의 신뢰가 손상되지 않도록 하는 세심한 관리의 필요성도 제기된다. 따라서 앞으로 더욱 고도화될 북한에 의한 여론전이나 심리전에 보다 능동적으로 대처하고 내부 갈등이나 분열 선동에 대비해 나가는 전략적 대비책 마련이 이루어져야 할 것이다.

다섯째, 주변국의 대규모 병력과 마주해야 하는 한국의 경우 국방혁신 과정에서 섣부른 감군과 부대개편, 과학기술에 대한 맹신은 큰 위험을 초래할 수 있다. 러시아나 우크라이나 모두 국방혁신의 명분하에 군구조를 대폭 개편했지만 실제 전장에서 이러한 혁신이 승수효과로 전환되지 못했음을 확인할 수 있었다. 최근 프리드만(Lawrence Freedman)[114]

---

113 Steven Lee Myers and Stuart A. Thompson. "Truth is Another Front in Putin's War," The New York Times. March 20, 2022. https://www.nytimes.com/2022/03/20/world/asia/russia-putin-propaganda-media.html?searchResultPosition=1.

114 영국 킹스칼리지, 런던 전쟁연구학부의 교수이자 부학장.

이 지적한 대로 독재국가 러시아에서 지휘구조의 유연성은 상실했고, 정보는 왜곡되었으며, 실전에서의 경험부족은 참담한 결과를 초래했다.[115]

---

**115** https://www.foreignaffairs.com/articles/russian-federation/2022-06-14/ukraine-war-russia-why-fails.

# 제4장

# 위기관리 사례연구를 통한 시사점

# 제1절 개요

이제까지 국가위기관리와 관련된 국내 · 외의 사례를 확인했다. 이러한 사례들을 국가위기관리단계별 작동과 주요 영향요소인 관련법규, 주관기관, 국민의식을 통해 국가방위요소가 어느 정도 통합되었는지를 나타내 보았다. 국가방위요소의 통합 정도는 통합방위의 완전성으로 평가된다. 관련 내용을 정리하면 〈표 4-1〉과 같다.

**〈표 4-1〉 위기관리 사례별 분석**

| 구분 | 사례 | 국가 위기 관리 | 주요 영향요소 | | | 국가방위요소 | 통합방위 완전성 |
|---|---|---|---|---|---|---|---|
| | | | 관련 법규 | 주관기관 | 국민의식 | | |
| ① | 한국, 강릉 무장공비 침투사건 (1996) | 예방: ×<br>대비: △<br>대응: ○<br>복구: ○ | 대통령 훈령28호 (통합방위 지침) | 국군 | • 주민신고 양호<br>• 작전통제 일탈<br>• 기본권 침해 문제제기 | 1. 국군<br>2. 경찰<br>3. 국가기관, 지자체<br>4. 예비군 | 부분충족 |

| 구분 | 사 례 | 국가 위기 관리 | 주요 영향요소 | | | 국가방위요소 | 통합방위 완전성 |
|---|---|---|---|---|---|---|---|
| | | | 관련 법규 | 주관기관 | 국민의식 | | |
| ② | 한국, 연평도 포격전 (2010) | 예방: ×<br>대비: △<br>대응: △<br>복구: △ | 통합방위 법규 (법, 시행령, 시행규칙) | 국군 | • 작전통제 일탈(언론 취재원)<br>• 시민의식 발휘 | 1. 국군<br>2. 경찰<br>3. 국가기관, 지자체 | 부분충족 |
| ③ | 한국, 코로나19 대응 (2020~) | 예방: ×<br>대비: △<br>대응: △<br>복구: △ | 감염병의 예방 및 관리에 관한 법률 | 국가기관 (질병 관리청) | 정부의 방역 지침에 협조 | 1. 국군<br>2. 경찰<br>3. 국가기관, 지자체(보건) | 부분충족 |
| ④ | 미국, 9 · 11 사태(2001) | 예방: ×<br>대비: △<br>대응: ○<br>복구: ○ | 국제테러 대책법 | 경찰, 소방 | 위기에 자발적 협조 | 1. 미군<br>2. 경찰<br>3. 연방 · 지방 정부<br>4. 예비군, 소방 | 충족 |
| ⑤ | 프랑스, 파리테러 (2016) | 예방: ×<br>대비: △<br>대응: ○<br>복구: ○ | 테러방지를 위한 법률 | 경찰 | 위기 극복을 위한 국민 호응 | 2.경찰 | 부분충족 |
| ⑥ | 일본, 후쿠시마 원자력 발전소 사고 (2011) | 예방: ×<br>대비: △<br>대응: △<br>복구: △ | 원자력운용 관련법 | 도쿄전력 | 위기 극복을 위한 국민적 순응 | 3. 중앙 · 지방 정부<br>6. 도쿄전력 | 미흡 |
| ⑦ | 우크라이나 전쟁 (2022~) | 예방: ×<br>대비: △<br>대응: ○<br>복구: △ | 우크라이나법 | 대통령 군대 국가기관 | 국가 총력전 체제하 국민 호응 | 1. 우크라이나군<br>2. 경찰<br>3. 국가기관<br>4. 예비군, 소방<br>5. 민방위(국민) | 충족 |

○:작동, △:부분작동, ×:작동미흡

출처: 제3장 사례연구를 근거로 정리

위 표를 통해 각 사례별 위기관리단계 작동은 어떻게 되었는지를 확인할 수 있다. 또한 위기관련 법규의 제 · 개정과 위기관련 주관기관은 어디였는지, 국민들의 안보의식은 국가방위요소의 통합적 운용에 어떠한 영향을 미쳤는지를 확인할 수 있다.

이를 통해 국가위기관련 사례가 시기와 국가 및 장소가 다르지만 내포하고 있는 의미가 유사함을 확인하고 작동되고 있는 국가방위요소들이 어떻게 통합되어야 바람직한지 의미를 도출할 수 있다.

# 제2절 위기관리 단계

위기관리 이론에서는 위기관리를 예방, 대비, 대응, 복구의 4단계로 보는 학자들이 있고, 우리나라 '국가위기관리 기본지침'(대통령 훈령 제388호)에서도 동일하게 4단계로 분류하고 있다.

앞에서 확인한 7가지 사례를 이러한 위기관리 이론으로 보았을 때 대부분의 적용은 대비와 대응에 집중되어 있다. 물론 예방과 복구의 내용도 포함되어 있지만 위기관리의 특성상 예방과 복구는 대처 내용이 미흡함을 확인할 수 있다. 관련내용을 표로 정리하면 〈표 4-2〉와 같다.

표의 분석과 같이 위기관리는 특성상 대응에 집중된 부분이 많이 나타난다. 위기관리단계 중 예방은 대비적 성격이 강한 외교 · 안보적 단계이다. 이 단계에서 통합방위의 국가방위요소가 작동되는 것은 국가방위요소의 통합을 통한 총력안보태세가 갖추어지는 것이다. '국민들의 하나된 안보의식이 가장 강한 억제력'으로 작동될 수 있는 단계이다. 이러한 인식이 약화되었을 때 위기는 발생한다. 대비단계는 모든 사례가 부분적으로 작동되었다. 하지만 위기의 특성상 대비의 취약성이 있는 곳에서 상황은 발생한다. 대응단계는 위기관리의 핵심단계이다. 위기발

〈표 4-2〉 위기관리 단계별 적용 분석

| 구분 | 사례 | 위기관리 단계 작동 | 위기관리 단계 | | | |
|---|---|---|---|---|---|---|
| | | | 예방 | 대비 | 대응 | 복구 |
| ① | 한국, 강릉 무장공비 침투사건 (1996) | 예방: ×<br>대비: △<br>대응: ○<br>복구: ○ | 외교, 안보적 노력 미흡 | • 해안경계 근무<br>• 대침투 훈련 등 | • 49일간 통합방위 작전 | • 통합방위법 제정<br>• 관련제도 정비 |
| ② | 한국, 연평도 포격전 (2010) | 예방: ×<br>대비: △<br>대응: △<br>복구: △ | 외교, 안보적 노력 미흡 | • 포사격 훈련<br>• 도발대비 훈련 | • 국가방위 요소 통합 미흡<br>• 통합방위 사태 선포 지연 | • 시행령 개정<br>• 주민대피 시설 구축 등 |
| ③ | 한국, 코로나19 대응 (2020~) | 예방: ×<br>대비: △<br>대응: △<br>복구: △ | - | • 법, 제도 보완 | • 국가적 재난으로 대응<br>• 초기 중국 입국자 통제 미흡 | • 질병관리청 승격<br>• 보건인력의 헌신 |
| ④ | 미국, 9 · 11사태 (2001) | 예방: ×<br>대비: △<br>대응: ○<br>복구: ○ | 외교, 안보적 노력 미흡 | • 기본법 부재<br>• 정보수집 결과 공유 미흡 | • 국가적 위기로 관리<br>• 테러와의 전쟁 | • 6개안 법률제정<br>• 국토안보법 제정 등 |
| ⑤ | 프랑스, 파리 테러 (2016) | 예방: ×<br>대비: △<br>대응: ○<br>복구: ○ | 외교, 안보적 노력 미흡 | • 법, 제도 정비<br>• 새로운 형태의 테러 대비부족 | • 경찰의 신속한 작전<br>• 시민들의 지원 | • 시민의식으로 신속한 복구 |
| ⑥ | 일본, 후쿠시마 원자력 발전소 사고2011) | 예방: ×<br>대비: △<br>대응: △<br>복구: △ | - | • 법, 시설, 장비 등 구비<br>• 민간회사 과도한 위임 | • 초기 상황 파악 혼란<br>• 폭발방지 미흡 | • 오염수처리 논란<br>• 인접국가 불신 초래 |

| 구분 | 사례 | 위기관리 단계 작동 | 위기관리 단계 | | | |
|---|---|---|---|---|---|---|
| | | | 예방 | 대비 | 대응 | 복구 |
| ⑦ | 우크라이나 전쟁 (2022~) | 예방: ×<br>대비: △<br>대응: ○<br>복구: △ | 외교, 안보적 노력 미흡 | • 법적 보완 (나토군)<br>• 동원령 선포<br>• 적극적 대비 미흡 | • 대통령이 주도<br>• 국가방위 요소 총력전 | • 복구 진행하며 전쟁 수행 |

○: 작동, △: 부분작동, ×: 작동미흡
출처: 제3장 사례연구를 근거로 정리

생 초기에는 당황스러운 부분이 있지만 해당위기를 어떻게 대비하여 왔느냐에 따라 국가별 위기대응 내용은 많은 차이를 보인다. 복구단계는 위기를 대응하면서 발생된 문제점들을 보완하여 환류하는 단계이다. 각 사례별로 위기복구 단계에서는 관련되는 법과 제도, 주관기관의 역할, 국민의식의 전환, 위기로부터의 학습을 가져오는 것을 확인할 수 있다.

한국의 위기관리 사례도 대응에 집중된 부분이 많다. 때문에 위기를 예방하기 위한 국가차원의 노력이 상대적으로 부족했다고 볼 수 있다. 특히, 통합방위관련 조치는 대응에 집중된 부분이 있다고 분석된다.

# 제3절 관련 법규

국가위기와 관련된 법규의 제 · 개정 부분을 분석해 보면 〈표 4-3〉과 같다. 사례 ①은 법률적 근거 없이 대통령 훈령에 의해서 국민의 기본권을 통제하여 작동되었고, 이 부분이 문제가 있음을 인식하여 통합방위법이 제정되었다.

**〈표 4-3〉 위기관련 법규의 제 · 개정 분석**

| 구분 | 사례 | 관련 법규 | 분석 | 비고 |
|---|---|---|---|---|
| ① | 한국, 강릉 무장공비 침투사건 (1996) | 대통령 훈령 28호 통합방위지침 | • 1967년 제정된 대간첩봉쇄대책을 근거로 한 지침<br>• 1994년 '대비정규전지침'을 '통합방위지침'으로 변경 | 훈령으로 작동 |
| ② | 한국, 연평도 포격전 (2010) | 통합방위법규 (법,시행령, 시행규칙) | • 1996년 강릉무장공비침투사건을 계기로 법제정 필요성 제기<br>• 1997년 국가방위요소의 통합 명시 | 법률 제정 |
| ③ | 한국, 코로나19 대응 (2020~) | 감염병의 예방 및 관리에 관한 법률 | • 질병관리 예방법 | 법률 개정 |

| 구분 | 사례 | 관련 법규 | 분석 | 비고 |
|---|---|---|---|---|
| ④ | 미국, 9 · 11 사태(2001) | 국제테러대책법 | • 테러관련 기본법 부재<br>• FBI와 CIA 간의 정보교류 미흡 | 기본법 부재 |
| ⑤ | 프랑스, 파리 테러 (2016) | 테러방지를 위한 법률 | • 알제리 전쟁시부터 테러 관련 법령 유지 | 법률 개정 |
| ⑥ | 일본, 후쿠시마 원자력 발전소 사고 (2011) | 자연재난대비법 | • 원자력 관련 법령 구비 | 법률 개정 |
| ⑦ | 우크라이나 전쟁 (2022~) | 우크라이나 법 | • 나토군 주둔에 따른 조치<br>• 국가 총 동원령 선포 등 | 법률 개정 |

출처: 제3장 사례연구를 근거로 정리

사례 ②는 통합방위법이 존재하고 있었지만 위기발생 시 효과적으로 작동되지 않은 사례를 나타낸다. 즉, 북한에 의해 연평도 포격도발이 발생하였을 때 현장의 해병대는 대응사격을 하고 대비태세를 갖추었지만, 작전현장에 통제구역설정이 늦어져 주민들이 핸드폰을 이용하여 작전상황을 언론사에 제공한 것은 문제가 있었다. 국민의 알 권리도 중요하지만 위기발생 시에는 현장의 작전이 원활히 진행되는 것이 우선되어야 한다. 또한 '신속히 통합방위사태 선포를 법률적 절차에 따라 진행해야 하는 인천광역시는 대비가 부족하여 통합방위본부에서 심의 관련내용을 지원하는 상황'[1]이 발생하였다.

사례 ③은 '감염병의 예방 및 관리에 관한 법률'이 있다. 코로나19

1 2010년 11월 당시 합참(통합방위본부) 통합방위과 실무자 증언 녹취(2011.12.)

의 상황전개에 따라 미흡사항으로 식별된 부분을 보완하고 있다.

사례 ④는 위기발생 이후 6개의 법령을 제정하고, 9개의 대통령령을 보완하는 등 대대적인 법령정비와 조직개편이 있었다.

사례 ⑤는 테러관련 법규가 있었으나 위기발생 시 작동이 미흡했던 부분을 이후 보완하였다.

사례 ⑥은 원자력관련 법규가 있었으나 위기발생시 조치관련 법규는 미흡하여 재난발생 이후 보완하였다.

사례 ⑦은 '우크라이나의 위기와 전쟁관련 법'이 있다. 전면전을 위한 국가동원령 선포와 전쟁수행에 따른 법이 작동되고 있다.

# 제4절 주관기관

위기관리 사례별 주관기관도 국가별 상황에 따라 상이하게 나타나는 것을 확인할 수 있다. 그 내용을 정리하면 〈표 4-4〉와 같다.

사례 ①, ②는 우리나라의 통합방위와 관련된 국가방위요소의 작동을 확인할 수 있는 사례이다. 사례 ③은 감염병 관련 보건복지부 산하 질병관리청이 주도하는 사례이다. 다만 일반감염병이 아니라 북한의 생화학 테러에 의한 위기라면 주관기관은 국방부가 되어야 한다는 부분을 미리 판단할 필요가 있다. 사례 ④, ⑤는 외국의 사례이고 국민의 생명과 재산을 지키기 위한 국가방위요소의 운용을 확인할 수 있다. 특히 사례 ⑤의 프랑스의 경우 경찰이라고 되어 있지만 프랑스는 군대의 편제를 고려하였을 때 경찰군(軍)으로서 우리의 대테러 부대라고 볼 수 있다. 따라서 현재 우리나라의 테러대비가 국정원과 경찰이 주도하고 군대의 대테러부대가 지원하는 성격에서 적극적인 역할을 위해 평시부터 협조, 준비되어야 함을 확인할 수 있는 사례이다.

**〈표 4-4〉 주관기관의 역할 분석**

| 구분 | 사례 | 주관기관 | 분석 | 비고<br>(국가방위<br>요소) |
|---|---|---|---|---|
| ① | 한국, 강릉<br>무장공비<br>침투사건<br>(1996) | 국군 | • 국군 중 육군이 주도하는 통합방위작전<br>• 경찰, 예비군은 보조적 성격으로 지원<br>• 정부, 지자체의 역할 인식<br>• 軍에서 진행하는 작전에 국민들은 협조 | 1. 국군<br>2. 경찰<br>3. 국가기관,<br>지자체<br>4. 예비군 |
| ② | 한국, 연평<br>도 포격전<br>(2010) | 국군 | • 국군 중 해병대가 주도하는 통합방위작전<br>• 해경의 역할도 중요하게 인식하는 계기<br>• 주민대피, 대피장소 제공 등과 관련 지자<br>체의 역할이 강조됨 | 1. 국군<br>2. 경찰<br>3. 국가기관,<br>지자체 |
| ③ | 한국, 코로<br>나19 대응<br>(2020~) | 국가기관<br>(질병<br>관리청) | • 정부기관, 보건복지부 산하의 질병관리청<br>의 역할이 주도적임<br>• 지자체(보건소)의 역할, 軍의 역할 | 1. 국군<br>2. 경찰<br>3. 국가기관,<br>지자체<br>(보건) |
| ④ | 미국,<br>9 · 11사태<br>(2001) | 경찰,<br>소방 | • 소방의 역할이 두드러지는 재난<br>• 경찰과 군의 역할<br>• 연방, 지방정부의 역할 | 1. 미군<br>2. 경찰<br>3. 연방 ·<br>지방정부<br>4. 예비군,<br>소방 |
| ⑤ | 프랑스,<br>파리 테러<br>(2016) | 경찰 | • 경찰의 주도적인 역할<br>• 프랑스 군제의 특성상 경찰은 경찰軍으로<br>서 역할을 함 | 2. 경찰 |
| ⑥ | 일본, 후쿠<br>시마 원자<br>력 발전소<br>사고<br>(2011) | 도쿄전력 | • 도쿄전력 주도<br>※ 국가중요시설의 시설관리자의 대비 중요 | 3. 중앙 ·<br>지방정부<br>6. 도쿄전력 |

| 구분 | 사례 | 주관기관 | 분석 | 비고<br>(국가방위<br>요소) |
|---|---|---|---|---|
| ⑦ | 우크라이<br>나 전쟁<br>(2022~) | 대통령,<br>정부,<br>군대,<br>국민 | • 젤렌스키 대통령의 주도적인 역할 중요<br>• 국가총력전으로서 정부와 군대 및 전 요소 통합<br>• 특히, 우크라이나 국민들의 애국심 중요 | * 전 국가방위요소 |

출처: 제3장 사례연구를 근거로 정리

사례 ⑥은 주관기관이 민간기업인 경우로서 위기발생 시 주도적인 조치가 제한되었고, 특히 경제적 논리로 인해 사태의 본질을 직시하기가 제한되었다는 교훈을 제시해 주고 있다. 사례 ⑦은 우크라이나 전쟁으로서 전면전의 경우이다. 전 국가방위요소가 통합되어 운용되는 부분을 고려 시 평시부터 대비가 필요함을 도출할 수 있다.

# 제5절 국민의식

위기관리 사례별 국민의식을 분석하면 〈표 4-5〉와 같다.

사례 ①은 국가위기관리에 협조해 오던 국민들이 그동안 향상된 시민의식을 근거로 법률에 근거하지 아니하는 기본권 통제(통행금지, 이동제한, 통제구역 설정 등)에 이의를 제기하게 되는 중요한 계기가 되었다. 이를 근거로 통합방위법이 제정되었다.

**〈표 4-5〉 국민의식 분석**

| 구분 | 사례 | 국민의식 | 분석 | 비고 |
|---|---|---|---|---|
| ① | 한국, 강릉 무장공비 침투 사건(1996) | 법률에 근거하지 않은 기본권 제한 문제 제기 | • 1950년 6·25전쟁 이후 군 주도의 위기관리에 협조<br>• 1980년대 중반 이후 민주화되어 국민의 기본권에 대한 권리 향상 | 대통령 훈령 28호 |
| ② | 한국, 연평도 포격전 (2010) | 법률에 근거한 통합방위 협조 미흡 | • 국민들의 알권리 보장으로 작전에 지장을 초래하는 상황 발생 | 통합 방위법 |
| ③ | 한국, 코로나 19 대응 (2020~) | 정부의 방역지침에 협조 | • 감염병 확산방지를 위한 국민의식 | 감염병 예방법 |

| 구분 | 사례 | 국민의식 | 분석 | 비고 |
|---|---|---|---|---|
| ④ | 미국, 9 · 11 사태(2001) | 위기에 자발적 협조, 통합된 국민의식 지향 | • 위기에 단결하는 국민의식 나타냄 | 국토 안보법 |
| ⑤ | 프랑스, 파리 테러(2016) | 위기극복을 위한 참여 | • 위기극복을 위한 시민의식 발현 | 테러 관련법 |
| ⑥ | 일본, 후쿠시마 원자력 발전소 사고 (2011) | 위기극복을 위한 순응 | • 정부의 통제에 순응 | 원자력 관련법 |
| ⑦ | 우크라이나 전쟁(2022~) | 전면전에 따른 국민의 총력전 의지 표명 | • 우크라이나 정부의 전면전에 따른 국민의 총력전 의지 표명<br>• 많은 사상자가 발생 가운데 굳센 의지 | 우크라이나 법 |

출처: 제3장 사례연구를 근거로 정리

반면 사례 ②는 통제구역 설정이 늦어지고 있는 가운데 국민의 알 권리 보장으로 인해 작전현장의 상황이 실시간 중계되어 군 작전에 악영향을 끼치게 되었다. 때문에 이 사례이후 통합방위법에 명시된 광역시도지사에 의한 통합방위사태 선포와 통제구역 설정 이전이라도 군(軍)작전을 위해 시장, 군수 등이 경계태세 1급이 선포되었을 때에는 통제구역을 설정할 수 있도록 하는 법 개정이 이루어졌다.[2]

사례 ③은 현재도 진행중인 위기상황이지만 우리나라 국민들의 높은 시민의식을 확인할 수 있다. 코로나19 위기 초기부터 지금까지 우리 국민들은 정부의 방역지침에 잘 협조하고 모범적인 방역사례를 보이고

2 통합방위법 제16조(통제구역 등) 제 2항 추가 '적의 침투 · 도발 징후가 확실하여 경계태세 1급이 발령된 경우'(2013.3.22.부)

있다. 이처럼 국민의식은 위기관리를 위해 매우 중요하다. 위기관련 법이나 주관기관이 존재하여 역할을 하여도 국민들의 협조와 동참이 없다면 위기는 극복되기 어렵다. 이와 관련하여 우리 국민들의 위기에 대응하는 의식변화도 연구를 통해 다음과 같이 확인할 수 있다.

최근 들어 안보위협에 대한 국민들의 인식이 다변화하고 있다. 특히, 2019년 연말부터 시작하여 2020년 전 세계를 강타한 코로나19와 같은 감염병이나 사이버 위협, 재해재난, 테러 등과 같은 다양한 유형의 비군사적 위협도 전통적인 위협과 더불어 복합적으로 인식변화에 작용할 것으로 예측되고 있다.[3]

이와 같이 국가위기관리를 연구하는 이유도 국민들의 공감대를 얻어 위기발생시 어떻게 하면 가장 효과적으로 위기를 극복하여 국민의 생명과 재산을 지킬 수 있을까를 확인하기 위함이다.

사례 ④는 미국의 9 · 11테러로서 미국시민의 높은 시민의식을 볼 수 있다. 미국시민들은 국가적 재난에 혼연일체가 되어 위기극복에 동참하였다. 또한 하나의 예이지만 '릭 레스콜라'[4] 안전담당관처럼 철저하게 대피훈련을 했던 기관은 사상자가 최소화된 가운데 대피하는 높은 시민의식을 보여 주었다.

사례 ⑤는 프랑스 시민들이 경찰의 테러작전에 적극 호응하였으나, 작전이 지속되어 생활과 생업에 지장이 생기자 일부 반발하는 경우도

---

3 국방대학교, 『국민안보의식조사를 통한 정책대안 연구』(국가안전보장문제연구소, 2020), p. 133.

4 릭 레스콜라(1939.5.27.~2001.9.11.)는 모건스탠리 안전요원이다. 세계무역센터에 본사를 둔 모건 스탠리에는 2,700여 명의 임직원이 일했다. 그럼에도 2,687명이 신속하게 대피하여 생명을 구했다. 그것은 '릭 레스콜라'의 평소연습과 훈련결과이다.

있었다.

사례 ⑥은 일본의 경우로서 일본국민들이 정부의 통제에 잘 순응하는 모습을 확인할 수 있다.

사례 ⑦은 현재도 진행 중인 우크라이나 전쟁이다. 전쟁초기에는 많은 피난민과 사상자로 어려움이 있었으나 우크라이나 대통령으로부터 전 국민이 러시아의 불법적인 전쟁에서 승리하고자 하는 의지가 하나되어 진행되고 있다. 이렇듯 국민의 공감을 얻어 총력전이 진행되어야 전면전에서 승리할 수 있다고 본다.

# 제6절 국가방위요소

위기관리 사례별 국가방위요소의 통합을 분석하면 〈표 4-6〉과 같다. 본 책의 주요 연구분야로서 위기에 따라 국가방위요소가 어떻게 작동되었는지를 확인하기 위한 부분이다. 국가방위요소라는 용어는 우리나라 통합방위법에 명시되어 있지만 국가별 위기를 관리하기 위해 국가방위요소와 유사한 주관기관들을 지정하고 운용하고 있는 것은 앞에서 살펴본 바와 같다. 본 분석을 통해 국가별 여건, 도발 또는 위기발생의 주체, 상황에 따라 국가방위요소의 대응과 작동은 차이가 있음을 알 수 있다.

사례 ①은 위기가 49일간 지속되는 가운데 일부 요소들의 초기운용에 제한이 있었으나 대부분의 국가방위요소가 통합되어 작동되었고, 사례 ②는 비교적 짧은 기간에 도발에 대응하는 관계로 군과 경찰, 지자체의 국가방위요소만 작동되었다. 다만, 피난민의 수용 및 관리와 관련된 부분에 있어 지자체의 역할이 중요함을 인식하는 계기가 되었다.

〈표 4-6〉 국가방위요소의 통합 분석

| 구분 | 사례 | 국가방위요소 | 분석 | 비고 |
|---|---|---|---|---|
| ① | 한국, 강릉 무장공비 침투사건 (1996) | 1. 국군<br>2. 경찰<br>3. 국가기관, 지자체<br>4.예비군 | 대부분의 국가방위요소 통합 | 개선사항 식별 |
| ② | 한국, 연평도 포격전 (2010) | 1. 국군<br>2. 경찰<br>3. 국가기관, 지자체 | 군과 경찰, 지자체 위주의 통합 | 지자체의 준비 필요 인식 |
| ③ | 한국, 코로나19 대응 (2020~) | 1. 국군(수송본부)<br>2. 경찰<br>3. 국가기관, 지자체 (보건) | 국가기관, 질병관리청의 역할 | 감염병 재난이지만 국가적 위기 |
| ④ | 미국, 9 · 11사태 (2001) | 1. 미군<br>2. 경찰<br>3. 연방 · 지방정부<br>4. 예비군, 소방 | 대부분의 국가방위요소 통합 | 테러이지만 전쟁과 동일 수준의 위기 |
| ⑤ | 프랑스, 파리 테러 (2016) | 2. 경찰 | 경찰 위주의 역할 | 소프트타켓에 대한 테러 대비 |
| ⑥ | 일본, 후쿠시마 원자력 발전소 사고 (2011) | 3. 중앙 · 지방정부<br>6. 도쿄전력 | 도쿄전력 중심의 역할 | 자연재난의 관리부실이 핵 재난 초래 |
| ⑦ | 우크라이나 전쟁 (2022~) | * 전 국가방위요소 | 전면전으로서 전 국가방위요소의 통합과 운용 | 대통령의 자세, 국민의 동참 중요 |

출처: 제3장 사례연구를 근거로 정리

사례 ③은 질병에 의한 재난으로서 국가기관인 보건복지부와 질병관리청이 주도하였지만, 백신수송과 선별검사소 인력증원 운용 등 국군에서도 많은 지원이 있었다. 특히, 지방자치단체의 보건소와 보건인력의 수고와 헌신은 중요하였다. 이러한 경험을 근거로 북한의 화생공격 시에 대비하고 대응할 수 있도록 능력을 갖출 수 있다.

사례 ④는 대부분의 국가방위요소가 통합되었다. 미국은 건국 이래 본토가 공격을 받아 본 경험이 없었기 때문에 9 · 11테러는 미국인들에게는 충격이었다. 당시 부시 대통령은 테러와의 전쟁을 선포하고 전 국가역량을 동원하여 위기를 극복하고자 대테러 전쟁을 시작하였다.

사례 ⑤는 경찰위주의 작전으로 상대적으로 국가방위요소의 통합은 약하다. 다만, 프랑스 경찰은 순수 경찰이라기보다 경찰군(軍)의 역할을 한다.

사례 ⑥은 민간회사인 도쿄전력이 주도하는 대응이다. 물론, 일본 정부와 지자체, 관련되는 국가방위요소가 연계되어 작동되었다. 본 사례는 외부 적에 의한 테러나 도발이 아니었기 때문에 대응에는 한계가 있었다. 포괄안보적 관점에서 위기관리가 필요함을 인식할 수 있는 사례이다.

사례 ⑦은 전면전으로서 전 국가방위요소가 통합되어 운용되고 있다. 특히, 동맹과 우방국가의 군사지원도 중요함을 확인할 수 있다. 또한, 21세기 첨단기업과 발달된 SNS 등이 전쟁수행과 국민통합에 미치는 영향을 확인할 수 있는 중요한 사례이다. 이를 통해 국가의 생존과 번영을 위해서는 평시부터 전 국가방위요소가 통합되어 운용되기 위한 준비가 필요함을 인식할 수 있다.

이런 맥락에서 포괄안보(comprehensive security) 개념을 근거로 국민의 생명과 재산을 침해하는 다양한 위협(comprehensive threats)에 국가방위요소가 순조로이 통합되어야 함을 제기한다. 특히, 이제까지 '통합방위'를 영어로 'Integrated Defense'라고 번역하여 왔는데 이제는 통합방위를 영어로 'Comprehensive Defense'라고 번역하며 포괄적 위협에 대비토록 해야 된다는 연구결과를 제시한다.

# 제7절 통합방위 완전성

위기관리 사례별 통합방위의 완전성을 분석하면 〈표 4-7〉과 같다. 분석내용은 주요 영향요소인 관련법규, 주관기관, 국민의식이 상호 어떻게 작동하였는지를 근거로 판단하였다.

사례 ①은 통합방위 완전성이 부분충족된 것으로 분석하였다. 그 이유는 통합방위사태가 선포되고 작전이 진행되는 동안 전 국가방위요소가 모두 작동되었기 때문이다. 다만, 예비군 동원과 운용에 낮은 응소율과 작전기강 이완 등은 보완해야 할 사항이다. 비록 법률적 근거 없이 훈령에 의해 국민의 기본권을 제한하는 조치를 시행하였으나, 당시 국민들의 의식은 국가적 위기 상황에 협조하는 것이 타당하다고 생각하였다.

사례 ②는 통합방위 완전성이 부분충족 된 것으로 보았다. 그 이유는 북한의 포격이 비교적 짧은 시간안에 종료되어 연평도의 해병부대와 경찰, 지자체의 관심범위 내에서 사태가 종결되었기 때문이다. 비록 통합방위법이 제정되어 있었지만 실제적 적용으로 상황을 안정적으로 관리해야 하는 인천광역시 관계자들은 내용을 잘 모르고 조치도 수동적이었다. 연평도에서 인천으로 대피한 피난민들을 수용하고 생활하는 데 어

〈표 4-7〉 통합방위 완전성 분석

| 구분 | 사례 | 통합방위 완전성 | 분석 | 비고 |
|---|---|---|---|---|
| ① | 한국, 강릉 무장공비 침투사건 (1996) | 부분충족 | • 국가방위요소 간 통합된 운용<br>• 대통령훈령 28호 통합방위지침으로 작전<br>• 군 주도의 작전, 국민들의 참여 | 법적 보완 필요 |
| ② | 한국, 연평도 포격전 (2010) | 부분충족 | • 국가방위요소 중 군과 경찰, 지자체<br>• 통합방위법에 따른 통합방위사태 선포, 작전진행 미흡 | 지자체의 주도적 대비 필요 |
| ③ | 한국, 코로나19 대응 (2020~) | 부분충족 | • 국가방위요소 중 정부기관 주도<br>• 관련법령 존재<br>• 대응과 복구가 현재도 진행 중 | 감염병의 통합된 대비 |
| ④ | 미국, 9·11사태 (2001) | 충족 | • 국가방위요소 간 통합된 운용<br>• 테러관련 법령 정비<br>• 테러의 근거지 공격(테러와의 전쟁) | 정보의 공유 필요(FBI, CIA) |
| ⑤ | 프랑스, 파리 테러 (2016) | 부분충족 | • 국가방위요소 중 경찰 주도의 작전<br>• 테러 관련 법령 유지 | 도심지 테러 대비 필요성 인식 |
| ⑥ | 일본, 후쿠시마 원자력 발전소 사고 (2011) | 미흡 | • 국가방위요소 중 민간회사 주도<br>• 원자력 관련 법령 유지<br>• 대응과 복구가 현재도 진행 중 | 국가중요시설의 관리 |
| ⑦ | 우크라이나 전쟁 (2022~) | 충족 | • 전면전으로서 통합방위의 완전성 충족 | 평시부터 준비 중요 |

출처: 제3장 사례연구를 근거로 정리

려움이 없도록 조치하는 지방자치단체 차원의 지원은 일부 미흡하였다.

사례 ③은 통합방위에서 정의하는 적의 침투나 도발, 그 위협은 아니지만 포괄안보 개념과 앞선 선행연구에서 윤우섭이 주장했듯이 감염병 등 각종 재난에 통합방위차원의 대응이 필요하다는 논리가 적용될 수 있다. 이러한 맥락에서 통합방위 완전성을 분석해 보면 부분충족으로 평가된다. 그 이유는 국가방위요소 중 국가기관인 보건복지부의 질병관리청이 주도하여 상황을 안정적으로 관리하고 있기 때문이다. 다만, 기타 국가방위요소인 국군과 지방자치단체 등의 활동이 진행되는데 행정응원으로서 협조가 된다는 것은 향후 보완이 필요한 부분이라고 생각된다. 국가방위요소의 측면에서 법과 제도적으로 평시부터 준비될 필요가 있다고 본다.

사례 ④는 충족된 것으로 판단했다. 미국 본토에서 발생한 긴박한 위기상황에 미국은 가용한 모든 국가방위요소를 동원하였고, 관련 법령도 보완하였으며, 시민들의 참여와 호응도 양호하였기 때문이다. 또한 이러한 사태이후 위기의 예방차원에서 테러세력의 근거지에 대해 테러와의 전쟁을 시작한 것 등을 고려하였다.

사례 ⑤는 부분충족된 것으로 보았다. 프랑스 테러의 경우 소프트타깃에 대한 동시다발 테러였으나 프랑스 경찰의 신속한 대응과 작전으로 2일만에 주동자를 사살하여 상황을 종결하였기 때문이다. 또한 프랑스 시민들의 협조와 호응도 양호한 것으로 확인하였다. 다만, 제한된 시간과 장소에 다수의 피해자가 발생하는데 있어 효과적 대응은 다소 미흡하였다고 분석된다.

사례 ⑥은 미흡한 것으로 평가하였다. 본 사례는 자연재난으로 발생된 국가중요시설의 장비결함이 가져온 핵발전소 폭발과 방사능 누출이 위기의 원인이다. 자연재난이 많은 일본의 특성상 여러 가지 대비책이 있었고, 후쿠시마 원자력 발전소도 1 · 2차의 대비책을 강구해 두었지만 위기 시에 작동이 되지 않았다. 또한, 위기발생 초기의 상황에 대한 부정직한 보고를 수상에게 하여 상황을 오판하게도 했다. 위기를 주도적으로 관리해야 하는 도쿄전력의 사장이 '현장에서 모두 철수하겠다'는 방침을 정한 뒤 일본 수상의 반대와 협박 속에 재조정되는 등 위기관리에 미흡함을 보였다.

사례 ⑦은 우크라이나 전쟁으로서 충족으로 판단하였다. 본 전쟁은 우크라이나 입장에서는 '전면전'이나 러시아 입장에서는 '특별군사작전'이다. 따라서 전면전을 수행하는 우크라이나는 전 국가방위요소가 통합되어 국민의 생명과 재산을 보호하고, 국토를 방위해야 하는 국가의 기본 책무를 수행하고 있다.

이 지점에서 통합방위의 완전성과 관련하여 앞에서 살펴본 내용을 근거로 '주요 영향요소'인 관련법규, 주관기관, 국민의식을 위기극복 3요소라고 제시한다. 이 3요소의 상호간 작동이 통합방위의 완전성에 기여하기 때문이다. 이와 관련하여 클라우제비츠가 '전쟁론'에서 제시하였던 전쟁의 3요소와 연계하여 그림으로 표시하면 〈그림 4-1〉과 같다.

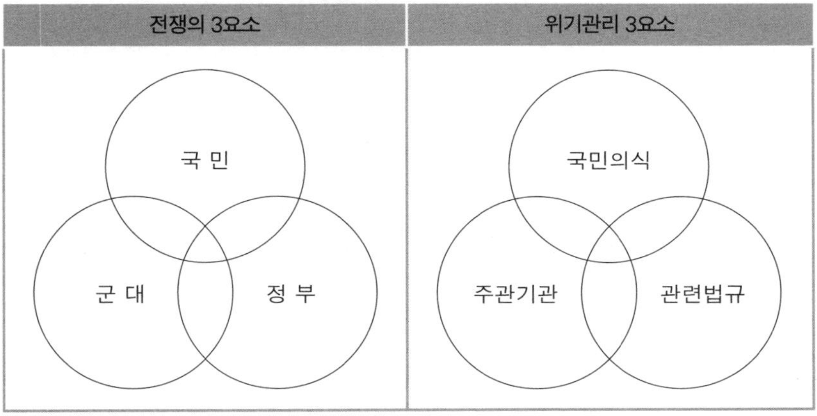


**〈그림 4-1〉 전쟁의 3요소와 위기관리의 3요소[5]**

5 저자의 견해, 전쟁론을 집필한 클라우제비츠는 그의 저서 『전쟁론』(류제승 옮김, p. 58)에서 국가의 전쟁과 관련하여 3요소를 국민, 군대, 정부라고 정의한 바 있다. 이에 근거하여 위기관리를 위한 3요소로서 위의 견해를 제시한다.

# 제5장

# 포괄안보 관점에서의 통합방위 완전성 방안

# 제1절 국가위기관리 기본법 제정과 관련법률 정비

## 1. 국가위기관리 기본법 제정

한국의 위기관리를 위해 국가위기관리 기본법 제정이 필요하다. 현재 한국의 위기관리 법률은 사안에 따른 개별법 위주로 발전되어 왔다. 따라서 국가위기관리를 위한 기본법이 존재하지 않는다. 10여 년 전 법률학자들 사이에서 국가위기관리 기본법 제정의 필요성이 제기되고 논의되었지만 법률 제정단계에까지는 이르지 못하였다.

반면, '포괄안보적 관점에서 위기관리 기본법 제정이 필요하다'고 주장[1]하는 전문가의 견해도 공존한다. 따라서 국가의 책무인 국민의 생명과 재산을 지키기 위해서 국가위기관리 기본법 제정이 필요한 시기가 되었다.

기본법은 '같은 수준에 놓인 법령임에도 어떠한 특정한 사항을 통

1 이재은, 『위기관리학』(서울: 대영문화사, 2018), p. 401.

일적으로 규율하기 위하여 어느 하나의 법령을 다른 법령들보다 우월한 지위에 놓는 경우를 기본법이라 하면서, 어떤 분야의 정책에 있어서 그 기본방향을 제시하고 있는 법령을 포함한다'[2]라고 정리되고 있다.

한국의 위기관련 법령의 구조는 〈그림 5-1〉과 같다. 기본법이 존재하지 않고 개별법 단위로 구성되어 있어서 위기사안별 적용되는 법률과 주도하는 대응기관이 상이하다. 자연재난, 산업재해, 평시의 적의 침투 도발은 물론, 전면전에 이르기까지 다양한 개별법 위주로 구성되어 있다.

한편, 우리의 주적인 북한이 재난을 가장한 테러를 통해 사회혼란

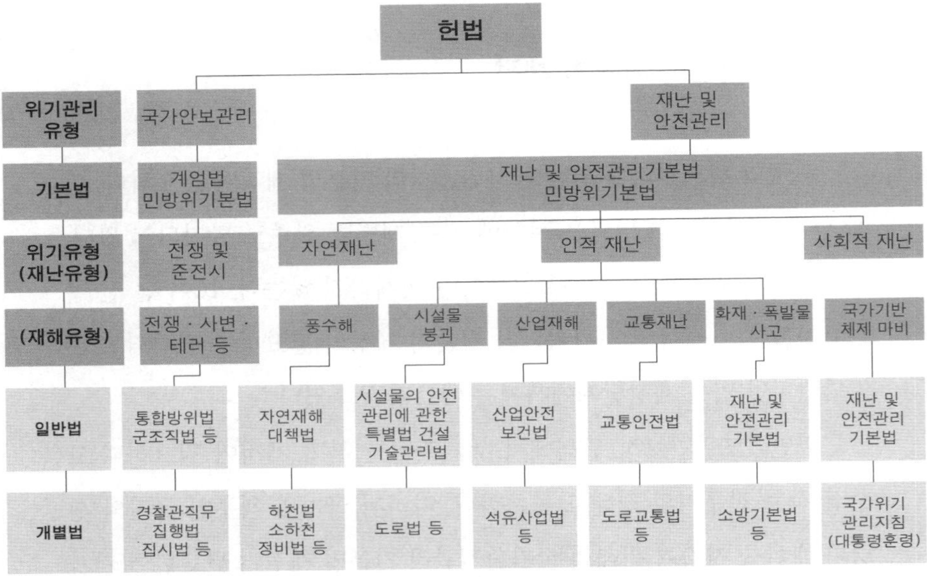


**〈그림 5-1〉 한국 위기관리 법령의 구조**

출처: 서재호 · 정지범 편저, 『국가 위기관리 입법론 연구』(파주: 법문사, 2009), p. 72.

2 서재호 · 정지범 편저, 『국가 위기관리 입법론 연구』(파주: 법문사, 2009), p. 66.

을 조성하고 이를 통해 전면전의 여건조성을 시도하는 국가위기에 대해서는 효과적으로 작동되는 법이 없다는 것이 더욱 문제이다. 현재 우리나라의 위기관리 상황은 9 · 11 발생 전 미국의 통합되지 않은 위기관리 법규, 제도와 비슷하다고 평가된다.

따라서 본 책의 연구를 바탕으로 국가위기관리법이 신속히 제정되어야 함을 제기한다.

이 법안은 이제까지 논의한 재난, 테러, 도발과 관련된 위기를 통합적으로 다루어야 하는 법적 근거를 마련하기 위한 것이다. 즉 현재 우리나라의 위기관리는 비상대비 관련 개별법마다 국가위기 개념이 상이하고 실제상황이 발생할 경우에 우선적인 법률의 적용이 모호할 뿐만 아니라 법 상호 간 연계 조항 부재로 관계 부처 간 협력적인 대응과 자원동원이 제한되는 문제가 있다. 이를 해결하기 위해 국가위기관리 기본법 추진이 필요하다.

일반적으로 국가의 다양한 위기사태가 분산적으로 대비되는 방식은 유형별 전문적인 특징을 강조하거나, 제각기 발전된 대비체계들을 적절히 통제하지 못해 왔기 때문이라고 할 수 있다. 이는 경우에 따라서 사태가 발생되었을 때 유사 기관 간의 과잉 대응과 중복 대응 혹은 무대응 · 무책임의 소지가 있게 된다. 또 대응 유형에 따라 다수의 정부기관이 서로 다른 스타일로 동일한 하부조직, 지방자치단체를 조정 · 통제함으로써 일어나는 혼란 등을 야기하기도 한다. 이 때문에 통합적으로 이를 관리할 필요가 분명히 있는 것이다. 이때에도 다양한 정부의 기관들이 서로 유기적으로 협력해야 한다는 것은 자명하다. 따라서 이들의 역할을 상호 간에 조정할 수 있는 조정기구를 중앙에 마련하는 것이 바람직하다고 본다.

위에 언급한 내용을 골자로 하는 국가위기관리 기본법이 17대 국회에 제기되었지만 다루는 국가위기 대상의 포괄성이 컸기 때문에 이에 대한 문제점이 논란이 되어 법안으로 제정되지 못했다. 따라서 포괄적인 접근은 면밀한 검토를 통해 시간을 가지고 추진하는 것이 바람직하고, 현시점에서는 위기의 범위를 이슈가 된 사안에 맞추어 북한의 비정규 군사도발과 테러, 재난과 연계하는 접근을 생각해 볼 필요가 있다.

## 2. 통합방위법의 개정

통합방위법의 적용조건이 개선되어야 한다. 현재 통합방위법의 목적은 '적의 침투 · 도발이나 그 위협에 대응하기 위하여 국가 총력전의 개념을 바탕으로 국가방위요소를 통합 · 운용하기 위한 통합방위 대책을 수립 · 시행하기 위하여 필요한 사항을 규정함을 목적으로 한다'라고 명시하고 있다.

통합방위의 근거가 되었던 1967년 '대간첩봉쇄대책'이라는 명칭에서 알 수 있듯이 통합방위는 기본적으로 북한 간첩이나 무장공비를 격멸하기 위한 계획이었다. 하지만 북한은 1970년대 이후 무장공비침투의 전술을 간접전략[3]으로 전환하여 우리사회의 여러 곳에 간첩활동을 하는 세력들을 침투시켰다.

김일성은 1974년 베트남이 패망한 이후 베트콩의 전략전술을 근거

3 앙드레 보프르, 『전략론』(서울: 국방대학교, 1975), p. 137.

로 직접적인 무장공비 침투전술에서 간접적인 대한민국의 주요 분야로 간첩을 침투시키는 전술로 전환할 것을 교시에서 강조한 바 있다.

즉 '적'으로 특정된 인원의 침투 · 도발은 빈도가 낮아지고 있다. 반면, 주체가 불분명한 가운데 국민의 생명과 재산의 침해를 가져오는 위기상황은 많아지고 있다. 또한 2018년과 2020년 발간한 국방백서에서 '우리 군은 대한민국의 주권, 국토, 국민, 재산을 위협하고 침해하는 세력을 우리의 적으로 간주한다'[4]라고 정리하고 있는 것을 근거로 적의 개념을 포괄적으로 인식할 필요가 있다.[5]

따라서 통합방위법의 목적에 언급된 '적'을 '국민의 생명과 재산을 침해하는 세력'으로 개정할 필요가 있다. 이렇게 개정이 된다면 국민의 생명과 재산이 위협당하고 침해되는 위기상황 발생 시 통합방위법에 근거한 국가방위요소의 작동은 원활해질 수 있다.

또한 통합방위의 영역을 확장하는 부분도 추가되어야 한다. 현재 지 · 해 · 공역으로 구분되어 작동되는 통합방위의 영역에 '사이버'영역도 포함하여 실질적으로 국민의 생명과 재산에 위협이 되고 있는 적들의 도발을 위기관리 단계에 근거하여 관리하여야 한다.

---

4 국방부, 『2020 국방백서』(다니기획, 2020), p. 37.

5 2022년 국방백서에서는 '북한정권과 북한군을 적으로 규정하는 표현이 들어간다'(조선일보, 2022년 12월 7일, A06면)는 보도를 고려하더라도 포괄적 적의 개념은 유효하다고 생각된다.

## 3. 테러방지법[6]의 개정

한국에서 테러로 발생되는 위기를 잘 극복하기 위해서 테러방지법의 개정이 필요하다. 「테러방지법」 제4조와 같이 '대테러 활동에 관하여 다른 법률에 우선하여 적용한다'는 조항을 바탕으로 「테러방지법」상 군(軍) 전력의 투입을 보장하는 조항을 반영할 필요가 있다.

특히, 한국에서 발생되는 테러는 북한의 도발로 인식하는 것이 타당한데 현재 테러방지법의 내용에는 이부분과 연계성이 부족하다. 북한의 테러, 즉 도발일 경우에는 통합방위법에 근거하여 신속히 통합방위사태의 선포와 통합방위작전이 수행되어야 한다. 그럼에도 불구하고 현재 통합방위법과 테러방지법에 연계된 법조항, 훈련 등이 미흡한 실태이다.

또한, 북한에 의한 테러 발생에 대비하여 테러주체와 상관없이 신속하게 군부대의 전력을 투입 가능하게 할 수 있는 작전수행체계에 대한 재검토가 이루어져야 한다. 예를 들어 화생방 · 폭발물 관련 테러의 경우 군의 대응역량이 타 관계기관에 비해 보다 전문적이고 우수하므로 협의를 통해 관련조항이 개정되어야 한다.

6 전체 법률 명칭은 '국민보호와 공공안전을 위한 테러방지법'이다.

## 4. 재난 및 안전관리 기본법의 개정

재난의 대비를 위해 제정된 「재난 및 안전관리 기본법」의 개정이 필요하다. 이 법의 목적은 '각종 재난으로부터 국토를 보존하고 국민의 생명 · 신체 및 재산을 보호하기 위하여 국가와 지방자치단체의 재난 및 안전관리체제를 확립하고, 재난의 예방 · 대비 · 대응 · 복구와 안전문화 활동, 그 밖에 재난 및 안전관리에 필요한 사항을 규정함'[7]이라고 명시하고 있다.

이 법에서 정의하고 있는 재난은 '국민의 생명 · 신체 · 재산과 국가에 피해를 주거나 줄 수 있는 것으로서 다음 각 목의 것을 말한다'라고 하면서 자연재난과 사회재난으로 정리하고 있다. 자연재난은 '태풍, 홍수, 호우, 강풍, 풍랑, 해일, 대설, 한파, 낙뢰, 가뭄, 폭염, 지진, 황사, 조류대발생, 조수, 화산활동, 소행성 · 유성체 등 자연우주물체의 추락 · 충돌, 그 밖에 이에 준하는 자연현상으로 인하여 발생하는 재해'이다. 사회재난은 '화재 · 붕괴 · 폭발 · 교통사고(항공사고 및 해상사고를 포함한다) · 화생방사고 · 환경오염사고 등으로 인하여 발생하는 대통령령으로 정하는 규모 이상의 피해와 국가핵심기반의 마비, 감염병 또는 가축전염병의 확산 미세먼지 등으로 인한 피해'이다.

위의 정의를 통해서도 확인되지만 자연재난이나 사회재난에 군(軍)과 경찰 등 국가방위요소는 대부분 출동하여 현장에서 상황을 정리하고 위기 극복에 동참한다. 이에 따라 군병력의 지원과 경찰, 소방의 지원에 대한 부분을 포함하는 개정이 필요하다.

---

7 법률 제18684호, 『재난 및 안전관리 기본법』 제1조(목적)

# 제2절 국가 통합방위계획 수립

국가위기를 극복하기 위해서는 '국가통합방위계획'의 수립이 필요하다. 한국은 현재 위기관리를 위해 법에 근거한 계획을 수립하여 대비하고 있다. 관련내용을 정리하면 〈표 5-1〉과 같다.

〈표 5-1〉 국가위기관리와 계획의 연관성

| 구분 | 충무계획 | 민방위계획 | 통합방위계획 |
|---|---|---|---|
| 관련 법률 | 비상대비에 관한 법률 | 민방위기본법 | 통합방위법 |
| 최상위 문서 | 기본계획지침 | 기본계획지침 | - |
| 정부 | 집행계획 | 집행계획 | - |
| 광역 지자체 | 시행계획 | 시 · 도 계획 | - |
| 기초 지자체 | 실시계획 | 시 · 군 · 구 계획 | - |

출처: 법령을 근거로 정리

위의 표에서 보는 바와 같이 국가위기 발생 시 정부기관의 대응계획인 충무계획은 관련법률로부터 최상위 문서, 정부, 광역 지자체, 기초 지자체까지 일관된 계획문서가 존재한다. 이를 근거로 위기발생 시 효과적인 대응이 가능하다. 민방위 관련부분도 동일하다. 그런데 통합방위분야는 관련 법률이 있지만 이와 연계된 정부의 지침과 정부로부터 기초 지자체에 이르기까지 일관된 계획문서가 존재하지 않는다. 바로 이 지점에서 통합방위의 작동이 제한되는 이유를 발견할 수 있다. 따라서 위기관리 법률에 근거한 다른 문서 체계처럼 통합방위 분야도 '국가통합방위계획'을 수립하여 평시 대비와 유사시 대응, 복구에 효과적으로 준비되어야 한다.

현장의 사례로, 서울시의 경우 이러한 문서가 존재하지 않음으로 통합방위와 관련된 국가방위요소 간 원활한 협조가 제한되고 있다. 따라서 테러나 위기발생 시 현장에서부터 원활한 통합작전을 위해 군과 경찰, 소방 등 관련기관별 매년단위 협약서에 근거하여 실행력을 강화시키고 있다.

이를 보완하기 위해서는 개별법에 근거하여 작동되고 있는 화재, 테러, 도발과 관련된 조치들이 법으로 정리되고 계획이 수립되어 위기관리의 완전성을 갖추어야 한다.

# 제3절 통합방위 협업을 위한 훈련

본 책의 사례연구와 시사점을 통해 확인하였듯이 통합방위와 관련된 국가방위요소가 협업을 위해서 연계된 훈련을 해야 한다. 현재 한국에서 위기와 관련하여 시행되는 주요 훈련으로는 통합방위본부가 주관하는 화랑훈련, 행정안전부가 주관하는 충무훈련, 민방위훈련, 재난대응안전한국훈련, 국정원이 주관하는 사이버위기대응훈련 등이 있다. 이 훈련들은 주관하는 기관의 계획에 따라 훈련을 시행하는 주기가 다르다. 때문에 비슷한 위기인데 훈련을 실시해야 하는 관련 지자체나 군부대 등은 준비와 훈련시행에 많은 어려움을 가지고 있다. 차제에 훈련시기를 조정 통합하고 실제적 훈련으로 진행되도록 개선해야 한다.

한편, 현재의 위기인식과 법령에 근거하여 진행되는 훈련은 재난과 북한의 비정규 도발이 복합적으로 발생하는 사태를 대비하는 데는 제한이 있다. 재난은 재난으로서 대응하고, 테러는 테러로만 인식하여 국정원과 경찰이 대응하는 방식이다. 이러한 상황에서 북한이 우리의 안보를 약화시키기 위해서 재난으로 인식되는 테러를 자행하여 국가를 혼란에 빠트릴 수 있다는 가정하에 대비가 필요하다. 현재 우리나라는 이 부분에 대한 위기인식과 대비가 많이 미흡한 실정이다.

위기가 발생되었을 때 소방, 경찰, 군이 신속히 현장에 도착하여 사건의 내용이 무엇인지를 확인하여 단순한 화재이면 소방차원에서 진압하고, 현장에 경찰이 개입해야 할 범죄적 요소가 있다면 경찰에서 수사로 전환해야 한다. 최악의 경우이지만 발생된 상황이 대공혐의점이 있다면 군에서 경계태세를 발령하고 군 지휘관은 광역지자체장에게 통합방위사태의 선포를 건의하여야 한다. 이러한 절차적 훈련도 꼭 필요하다. 사례연구에서 살펴본 것처럼 연평도 포격전 시 인천광역시는 통합방위사태 선포를 2시간 46분 늦게 발령하여 작전현장의 통제구역 설정과 언론통제가 미흡하였다.

이후 프랑스 파리테러에서 살펴본 것처럼 범인, 또는 테러용의자를 추적하여 격멸할 때까지 통합방위작전이 진행되어야 한다. 이러한 일련의 훈련을 하도록 통합방위법에 근거하여 2년마다 광역지자체 단위로 화랑훈련을 하도록 되어 있다. 이 훈련과 행정안전부에서 3년마다 진행하는 충무훈련을 통합하여 광역지자체장과 기초지방자치단체장, 관련 군 · 경 · 소방이 통합된 훈련을 주기적으로 시행하여야 한다.

# 제4절 소통을 위한 C4I 체계 보완

통합방위는 국가방위요소가 연계되어 위기를 극복하는 체계이다. 따라서 다양한 국가방위요소간의 원활한 소통은 중요하다. 북한의 침투 · 도발과 그 위협에 대응하는 통합방위는 전통적으로 군대의 작전이 위주였다. 따라서 소통과 작전을 위한 C4I[8]망도 군대의 장비에 의존하였다. 이로 인하여 장비의 보급제한과 보안취약성 등 제약요소로 인해 원활한 소통이 제한되고 있다. 이를 극복하기 위한 장비의 보급[9]과 기관별 노력이 있지만 현재까지도 보완해야 할 소요들이 있다.

2014년 발생한 세월호 참사를 계기로 행정안전부는 2015년부터 재난안전통신망 사업을 추진하고, 2021년 3월부터 첨단 무전기를 기관별로 보급하고 있다. 보안성에 취약한 부분은 있지만 본 무전기를 위기발생 초기에 국민의 생명과 재산을 지키기 위해 원활히 사용할 필요성

8 C4I: 지휘(Command) · 통제(Control) · 통신(Communication) · 컴퓨터(Computer) · 정보(Intelligence)의 영문 머리글자를 딴 말로, 전술지휘자동화체계.

9 ROIP(Radio Over Internet Protocol) 장비: 기관별 다른 기종 무전기의 소통을 가능하게 하는 장비로 군에서 제작하여 보급함.

이 있다.

최근 발생한 이태원 참사 관련 "정부가 '세월호 참사'를 계기로 경찰, 소방, 구청 등 재난 대응 기관들이 실시간 소통할 수 있는 첨단 무전기를 보급했지만, 이번 '이태원 참사' 때는 한 번도 사용하지 않은 것으로 파악됐다. 첨단 무전기를 준비해 놓고 사고가 터졌을 때 쓰지 못한 것이다. 재난 전문가들은 기관 사이에 여전히 높은 '칸막이'를 먼저 제거해야 한다고 지적한다"[10]는 보도에서 보듯이 국민의 생명이 침해받는 상황에 원활하게 사용되지 못한 부분은 개선이 필요하다.

정부에서 재난 안전을 위해 구비한 지자체별 CCTV관제소는 재난과 테러, 도발 시 매우 유용한 기능을 제공하고 있다. 국방부와 국토교통부는 통합방위사태 · 통합방위훈련 · 국가재난 등 국가안전보장과 직결된 상황에서, 군부대가 지자체 CCTV를 실시간 활용하여 대처할 수 있도록 '스마트도시 안전망 구축 업무협약(MOU)'을 2020년 8월 23일 체결했다. 협약에 따라 군 병력을 지휘 · 통제하는 지휘본부인 작전상황실과 지자체 스마트도시센터 간 연계체계를 구축하고, 스마트도시센터의 CCTV 영상정보를 실시간 공유 · 활용함으로써 상황에 신속히 대처하고 지역사회 안전을 확보한다. 스마트도시센터란 지자체가 방범, 교통, 시설물 관리 등 도시 서비스를 제공하기 위해 복수의 정보시스템(CCTV 등)을 연계 운영하는 통합운영센터를 말한다.

---

10 조선일보, "1조 5000억 들인 재난용 첨단 무전기, 이번에 한 번도 안 썼다"(2022.11.4.).

# 제5절 지방자치단체의 능력 강화

통합방위의 완전성을 제고하기 위해서 6개의 국가방위요소가 잘 준비되는 것이 중요하다. 그중에서도 지방자치단체의 능력 강화가 선행되어야 한다. 한국은 지방자치제도[11]를 시행하고 있다. 통합방위법에서도 국민의 기본권을 제한하는 통합방위사태의 선포는 광역지방자치단체장 이상과 대통령이 하도록 명시하고 있다. 따라서 위기 발생시 초기에 상황을 파악하고 이에 타당한 조치를 내리기 위해서는 지방자치단체의 역할이 중요하다.

하지만 한국의 현재 상황은 지자체장의 성향과 지역별 여건에 따라 통합방위를 위한 대비에 많은 차이가 발생되고 있다. 또한 지방자치단체에서는 재난과 통합방위, 민방위 관련 업무는 관심도가 낮은 업무이다.

---

11 우리나라는 1948년 대한민국 헌법에서 지방자치를 명시하고 이듬해인 1949년 최초의 지방자치법이 제정되었다. 1961년 5.16 군사정변이 일어나고 "지방자치에 관한 임시조치법"으로 행정구역의 장을 모두 중앙정부에서 직접 임명하는 임명제(관선제)가 실시되었다. 1987년 지방자치법이 부활하고 1991년부터 지방선거가 다시 치러지기 시작하였다. 실제적 시행은 1995.7.1부였다.

연평도 포격전 사례에서 살펴보았듯이 지역에 위기가 발생하였을 때 지자체장은 통합방위사태를 선포하고 군작전의 지원소요를 확인하고 적극적인 조치를 취해야 한다. 또한 피난민 발생시 이를 위한 지원소요도 확인하고 조치하여야 한다.

안타까운 일이지만 2022년 10월 29일 서울시 용산구 이태원동에서 발생한 참사와 관련해서도 국민들은 지자체의 역할을 요구하고 있다.[12] 2022년 11월 2일 발생한 북한의 미사일 도발에 오전 8시 55분을 기해 합참이 울릉도 지역에 공습경보를 발령한데 이어 울릉군이 사이렌을 울리자 주민들은 크게 당황하며 우왕좌왕했다.[13] 이상과 같이 포괄안보시대로 전환되면서 국민의 생명과 재산을 보장하기 위한 지방자치단체의 책임은 증가되는 경향임을 인식할 수 있다.

미국의 9 · 11테러를 통해서도 확인되듯이 연방정부의 역할도 있지만 뉴욕시와 뉴욕시장의 역할은 대단히 중요하였다. 또한 뉴욕시민들의 자발적 위기극복 행동은 미국이 안정을 회복하는 데 크게 기여하였다.

---

12 이태원 참사에 대한 예방 대비가 부족했다는 지적이 나온 가운데 용산구청이 사고 발생 가능성에 별다른 대책을 마련하지 않았다는 보도가 나왔다(http://www.mediatoday.co.kr, 2022. 10. 31 검색).

13 공습경보 발령 12분이 지난 9시 7분쯤 '북한 측에서 탄도미사일 발사로 인한 울릉도 전역 공습경보 발령'이라는 문자를 군민에게 발송, 이보다 12분이 지나 울릉군 알리미는 '지하시설 등으로 대피하라'는 문자를 보냄. 울릉군이 상황을 인식하기까지 24분 소요. 주민들은 "정부와 지자체가 국민의 안전을 최우선으로 생각하는 마음가짐을 다시 한 번 가다듬어야 한다"고 주장(경북신문, "울릉도에 울린 공습경보 사이렌… 군청, 소방서도 몰랐다", 2022. 11. 3).

## 제6절 소방의 국가방위요소화

소방의 국가방위요소화가 필요하다. 소방은 평시 재난에 주도적 역할을 할 뿐만 아니라 최근 우크라이나 전쟁에서도 보듯이 전시에도 화재를 진압하고 환자를 이송하는 등 주도적 역할을 하고 있다.

또한 우리나라는 2021년 소방을 국가공무원화함으로써 그 중요성을 인식한 바 있다. 평시 위기와 재난상황에서 소방은 국민들의 생명과 안전을 보장하기 위해 헌신하고 있다. 최근 이태원 참사에서도 소방의 역할은 두드러졌다. 이러한 소방의 국가방위요소화가 필요한 시점이다.

수도 서울의 방위를 담당하는 수도방위사령부는 소방의 중요성을 기존부터 인식한 가운데 경찰, 소방과 연계된 현장의 위기상황관리를 2016년부터 진행해가고 있다. 이를 위해 매년 초 기관의 책임자가 업무협약(MOU)을 맺고 협조체계를 유지하고 있다. 다만, 이 부분에 있어서도 법적 관련근거가 없기 때문에 국가위기관리기본법을 통한 보완이 필요하다.

# 제6장

# 결 론

지금까지 포괄안보 관점에서 국가위기관리와 국가방위요소 간의 작동관계, 그중에서도 통합방위의 원칙과 문제를 확인하고 대안을 제시하였다. 이를 위해 본 책은 연구질문으로 "첫째, 국가위기관리단계와 국가방위요소 간의 작동이 되게 하는 것은 무엇인가? 둘째, 국가위기관리단계와 국가방위요소간의 작동이 순조롭게 되게 하는 것은 무엇인가? 셋째, 국가방위요소가 통합되어 국민의 생명과 재산이 지켜지기 위해 법적보완이 필요한 것은 무엇인가?"를 제시하였다.

이러한 연구질문을 근거로 연구결과를 요약하면 첫째, 위기관리이론에서 제시하는 위기관리 4단계의 기준을 근거로 국가방위요소가 작동되기 위해서 관련법규의 준비, 주관기관의 주도적 위기관리, 국민의식의 통합이 되어야 함을 제시하였다. 둘째, 국가별 위기 내용에 따라 각 단계별 관련법규, 주관기관, 국민의식의 정도에 따라 통합된 조치의 결과가 순조롭게 작동하거나 그 반대임을 확인하였다. 셋째, 국가방위요소가 통합되어 국민의 생명과 재산을 지키기 위해서는 국가위기관리기본법 제정과 관련 법률의 정비, 국가통합방위계획의 수립, 통합방위협업을 위한 훈련, 통합방위작전의 원활한 소통을 위한 C4I체계의 보완, 지방자치단체의 능력강화, 소방의 국가방위 요소화가 필요함을 제시하였다.

위기관리 사례연구로 한국과 미국, 프랑스, 일본, 우크라이나의 경우를 확인하였다. 국내사례로, 첫째, 1996년 강릉무장공비 침투사건을 통해 통합방위법이 제정되기 이전 대통령훈령 28호 통합방위지침으로 작동되던 국가위기관리와 국가방위요소 간의 관계를 확인하였다.

둘째, 2010년 연평도 포격전 사례를 통해 통합방위법이 제정되어 있던 상태에서도 국가방위요소가 원활하게 통합되지 않은 이유를 확인하였다. 이를 통해 국가위기관리가 잘 통합되려면 관련법규가 준비되고, 주관기관과 지원기관이 역할을 잘 수행하도록 협조되며, 위기극복을 위한 국민적 공감대가 형성되어야 함을 확인할 수 있었다. 특히, 한국과 같이 북한과 휴전상태에서 대치하고 있는 분단국가인 경우에는 북한의 침투 · 도발과 그 위협을 분명히 인식하고 대비하는 것이 무엇보다 중요함을 확인할 수 있었다. 통합방위제도를 통해 국민의 '총력안보의식'이 결집된다면 국가안보의 기본토대가 구축된다는 것을 확인할 수 있다.

셋째, 코로나19 대응의 사례는 질병으로 인한 재난으로 감염병 확산시 운용되는 국가방위요소들이 법적 근거에 의하지 아니하고 행정응원에 의해 지원되는 한계를 인식할 수 있는 사례이다. 특히, 북한의 생화학 공격을 가정하였을 때 정부와 국민이 어떻게 인식하고 대응해야 하는지 위기관리 측면에서 참고할 것을 제공하고 있다. 이를 통해 군부대에도 감염병을 지원하는 전문부대가 필요하다는 것을 제시하였다.

국외사례로 첫째, 2001년 발생한 미국의 9 · 11테러는 미국 개국 이후 본토에서 발생한 최초의 극단 이슬람의 도발이었다. 이에 대해 미국은 대통령으로부터 시민에 이르기까지 하나된 안보의식을 가지고 대테러 전쟁에 임하였다. 관련법규도 제 · 개정하였을 뿐만 아니라 문제로 제기되었던 FBI와 CIA의 정보교류 미흡 등을 근본적으로 개선하기 위해 국토안보법을 제정하고 국토안보부를 신설하였으며 관련제도를 정비하여 오늘에 이르고 있다.

둘째, 2016년 발생한 프랑스의 파리테러는 이른바 소프트 타깃을 향해 무차별 총격을 가한 테러였다. 프랑스는 대테러 관련 법규를 1958년부터 갖추어 왔으며, 경찰이 주도적으로 준비하여 왔다. 또한 위기발생 시 프랑스 시민들은 자발적으로 정부의 통제에 협조하여 위기를 극복하였다.

셋째, 2011년 발생한 일본의 후쿠시마 원자력 발전소 폭발사고는 최초 시작은 지진으로 인한 자연재난인 쓰나미가 원인이었다. 하지만 자연재난이 초래한 후쿠시마 원자력 발전소의 정전이 원자로의 냉각시스템 발전기 가동을 멈추게 함으로 인해 원자로가 가열되어 폭발하는 사고가 발생되었다. 자연재난으로부터 시작된 위기가 원자력 발전소의 폭발로 방사능이 누출되는 최악의 사고, 위기로 발전된 것이다. 일본은 원자력 발전소 운용과 관련하여 관련법, 주관기관으로서 도쿄전력, 시민들의 의식은 갖추어져 있었다. 하지만 위기발생시 위기상황을 정직하게 인식하여 수상에게 보고하지 않는 등 위기관리에 상당한 문제를 노출시켰다. 본 사례는 북한의 핵과 미사일 위협에 따라 방사능 누출의 위기상황에 한국이 어떻게 위기관리를 해야 하는지 참고가 된다.

넷째, 현재 진행 중인 우크라이나 전쟁 사례연구를 통해 국가위기관리 중 전면전과 관련되어 국가방위요소가 어떻게 단계별로 작동되었는지를 확인하였다. 이를 통해 국가총력전으로 전쟁을 수행하고 있는 우크라이나의 경우 자국의 국가방위요소와 동맹의 지원, 우방국의 군사지원은 물론 외국의 첨단민간기업까지 참여하여 국가총력전으로서 전쟁을 수행하고 있음을 확인할 수 있었다. 특히, 국가지도자인 대통령의 리더십, 동맹과 우방국의 지원이 중요함을 확인할 수 있다. 또한, 전면전과 관련된 법규의 준비, 국가 총력전을 위한 정부와 국민의 일치된 노력이 전쟁수행과 승패에 큰 영향을 주는 것을 일깨워 주고 있다.

위의 7가지 사례연구를 통해 식별된 시사점은 첫째, 국가위기관리 단계별 적용이 위기사례에 따라 대응수준이 상이하다는 것이다. 특히,

제시된 사례들은 예방단계의 작동이 미흡하다는 공통점이 있다. 대비와 대응은 위기관리의 핵심요소로서 작동이 되고 있다. 복구단계는 사례에 따라 적용되는 정도에 차이가 있음을 볼 수 있다.

둘째, 국가위기관리 관련 법규의 제정과 정비가 중요함을 인식할 수 있다. 법이 갖추어져 있다고 해서 위기가 발생하지 않는 것은 아니지만, 법적 준비 없이 위기가 발생되었을 경우 국민적 공감대와 협조를 이루어 내기는 쉽지 않다는 것을 확인할 수 있다.

셋째, 위기를 관리하는 주관기관의 역할이 중요하다. 한국의 경우는 북한의 침투 · 도발과 그 위협에 있어 군(軍)이 주도하는 경우가 대부분이다. 하지만 통합방위 차원에서는 군이 그 위기를 모두 다 관리하기 제한되기 때문에 국가방위요소를 지정하고 통합된 가운데 작동되도록 준비되어 있다. 문제는 법률에 기관별 임무가 명시되어 있더라도 평시 대비가 미흡한 경우에는 위기 시 작동이 순조롭게 되지 않는다는 것이다.

넷째, 국민의식이 위기를 극복하는 데 기본적인 바탕으로서 매우 중요하다. 국내 · 외 사례 모두 위기가 발생된 현장은 국민들의 생활터전이거나 인근지역이다. 때문에 위기발생 시 국민, 시민들의 위기에 대한 인식과 협조는 위기극복의 성패를 좌우하는 중요한 요소임을 확인할 수 있다.

다섯째, 국가방위요소의 통합된 운용이 국가위기를 극복하는데 중요하다. 국내의 사례는 물론, 미국과 프랑스의 사례는 발생된 위기극복을 위해 국가방위요소의 통합된 운용이 중요한 요소임을 제시해 주고 있다.

여섯째, 통합방위의 완전성을 위해서 위기관리 3요소라고 할 수 있는 관련법규, 주관기관, 국민의식이 잘 통합되어야 함을 볼 수 있다. 사례연구를 통해 확인된 것은 통합방위의 완전성이 충족된 사례도 있지만, 부분충족과 미흡된 사례가 있음을 확인하였다. 이를 통해 국가위기관리와 연계된 국가방위요소가 잘 작동되기 위해서는 관련법규의 제정과 정비, 주관기관의 준비와 관련기관의 지원, 국민의 하나된 의식이 매우 중요함을 확인할 수 있다.

본 연구를 통해 제시하는 통합방위의 완전성을 위한 대안은 첫째, 국가위기관리 기본법 제정과 관련 법률의 정비가 필요하다는 것이다. 통합방위법이 제정되기 이전, 대통령 훈령인 통합방위지침으로 작전을 수행 중 국민의 기본권을 제한하는 조치들이 법률적 근거 없이 시행되는 문제가 있어 통합방위법이 제정되게 되었다. 이와 마찬가지로 현재 한국의 위기관련 기본법은 제정되어 있지 않고, 대통령 훈령인 '국가위기관리 기본지침'으로 존재하고 있다. 따라서 위기발생시 관련 개별법 위주로 대비되고 대응함으로 인해 주관기관은 어디가 되어야 하는지, 협조를 위한 부처별 진행은 어떻게 하는지 등에 문제를 내포하고 있다. 국가위기관리 기본법 제정이 장기적 과제라면, 단기적으로 적용이 가능한 방안은 통합방위법의 '적' 개념을 북한으로 한정하지 않고 '국민의 생명과 재산을 침해하는 세력'으로 개정할 필요가 있음을 제시한다.

둘째, 국가 통합방위계획을 수립해야 한다. 충무계획과 민방위계획은 중앙정부로부터 지자체에 이르기까지 일관된 문서형태가 있다. 하지만 전 · 평시 국민의 생명과 재산을 지키기 위해 준비된 통합방위는 계획문서가 없다. 또한 이를 위한 법적 근거도 없다. 따라서 위기발생 현장에 출동하여 통합방위차원의 조치를 해야 하는 국가방위요소는 계획 없이 협조의 정도에 따라서 위기상황을 관리하고 있다.

셋째, 통합방위 협업을 위한 훈련을 정기적으로 시행해야 한다. 현재 통합방위법에 근거하여 지자체별로 2년에 1회씩 화랑훈련을 하게 되어 있지만 광역지자체장의 성향과 직무관련 공무원의 준비 정도에 따라 훈련내용과 성과는 많은 차이점을 보이고 있다.

넷째, 소통을 위한 C4I 체계의 보완이 필요하다. 재난안전대비를 위해 개발된 재난안전망 단말기의 보급은 물론, 지자체별로 구축된 CCTV 관제센터의 정보를 통합방위작전이 필요한 상황이 되면 신속히 공유하여 위기를 극복해야 한다.

다섯째, 지방자치단체의 능력 강화가 필요하다. 통합방위의 특성상 지방자치단체장의 역할이 매우 중요하다. 위기발생 시 우선적으로 해당 지역의 군부대 지휘관이 역할은 하지만 통합방위사태의 선포와 관련되는 국가방위요소의 지원임무는 지방자치단체의 역할이 필요한 부분이다. 따라서 지역의 안보를 담당하는 지방자치단체의 장이나 위기관련 부서의 준비가 요구된다.

여섯째, 소방의 국가방위요소화가 필요하다. 사례연구의 9 · 11테러와 우크라이나 전쟁을 보아도 화재가 발생한 현장에 소방인력이 출동하여 화재를 진압하고 인명을 구조하는 활동은 매우 빈번하게 보도되었다.

포괄안보 관점에서 국가위기관리와 국가방위요소의 원활한 작동은 국민의 생명과 재산을 지키는 데 필수적이다. 이를 위해 관련법규를 제정, 정비하고 위기조치와 관련된 주관기관이 준비하고 지원기관이 협조하는 것은 물론, 국가안보를 위해 국민들의 하나된 마음과 참여가 중요하다. 북한과 대치하고 있는 현재 상황과 앞으로의 통일을 대비하기 위해서라도 국가위기관리를 위한 국가방위요소의 원활한 작동은 매우 시급하고 중요한 일이다. 이를 위해 준비된 통합방위법과 관련제도가 지속 발전되어야 함을 연구결과로 제시한다.

이 책은 학술적 의의와 실무적 의의로 나누어 볼 수 있다. 먼저 학술적 의의는 다음과 같다. 첫째, 포괄안보(Comprehensive Security)의 관점으로 국가위기를 연구한 것이다. 현재 한국의 위기관리는 군사적 위기와 비군사적 위기로 이분되어 있다. 따라서 포괄안보의 개념으로 접근하여 통합된 위기관리가 된다면 국민의 생명과 재산을 지킴으로써 헌법적 가치를 실현할 수 있음을 제시하였다.

둘째, 총합적 위기관리 모델(Comprehensive Emergency Management Model)을 활용하여 국가위기를 분석한 것이다. 재난과 관련된 이론으로서 활용되는 총합적 위기관리 4단계를 국가방위요소가 작동되는 위기 시에 적용하여 예방-대비-대응-복구의 전체적 순환의 관점에서 위기가 관리되어야 함을 제시하였다.

셋째, 위기관리이론과 통합방위의 국가방위요소간의 작동관계를 연구한 것이다. 이를 통해 대비와 대응에 집중된 국가방위요소의 원활한 운용을 위해서는 예방과 복구 단계도 연계하여 준비되어야 함을 제시한 것이다.

또한 이 책의 실무적 의의는 다음과 같다. 첫째, 국가위기관리기본법 제정의 필요성을 제기한 것이다. 현재 한국의 위기관리상태는 9 · 11 테러가 발생하기 직전의 미국과 유사하다. 위기관리기본법이 존재하지 않는 것, 개별법 위주의 위기관리로 기관별 통합이 되지 않는 것 등 유사한 점이 많이 있다. 따라서 국가위기관리의 완전성을 위해 보완할 부분을 제시하였다.

둘째, 국가방위요소의 통합을 위한 방향을 제시하였다. 국민의 생명과 재산을 지키기 위해서 준비된 국가방위요소가 통합방위법에 따라 '적의 침투 · 도발과 그 위협'에만 작동되도록 되어 있는 것은 개선이 필요하다. 또한, 법 개정이전이라도 위기상황 시에는 통합된 운용이 되도록 계획과 훈련, 장비가 구비되어야 함을 제시하였다.

셋째, 북한의 핵과 화생무기의 위협에 대응하는 계기를 제공한 것이다. 북한 핵무기 위협은 최근까지 실제적으로 대비가 부족한 실정이었다. 더욱 구체화되고 있는 북한의 핵위협과 최악의 경우 핵사용 시에 우리 군과 국민이 어떻게 대비하고 대응해야 하는지 일본 후쿠시마 원자력 발전소 사례를 통해 확인하였다. 또한 코로나19 사례를 통해 북한의 화생무기 공격에 대한 대비와 대응의 교훈을 도출할 수 있었다.

넷째, 국가위기관리의 완전성을 위해서는 관련법규와 주관기관, 국민의식의 위기관리 3요소가 효과적으로 연계되어야 함을 제시하였다. 위기관리 3요소가 잘 통합된다면 국민들의 '총력안보태세'가 갖추어 질 수 있다.

이 책의 학술적 · 실무적 의의가 구체화된다면 한국이 위기를 예방하고 대비할 수 있을 뿐만 아니라, 위기발생 시에도 효과적으로 대응하고 잘 복구하여 국민의 생명과 재산을 지킬 수 있다는 것을 이 책을 통해 확인한 것이 연구의 의의이다.

그러나, 다음과 같은 미비점으로 인해 후속연구의 필요성이 제기된다. 우선, 국가위기관리 단계 중 1단계 예방과 4단계 복구의 구체화가 필요한 것이다. 우리나라는 위기관리에 있어 대비와 대응에는 많은 관심을 가지고 있으나 상대적으로 예방과 복구단계는 취약하다. 특히, 국가방위요소가 예방과 복구에 있어서 어떻게 준비되어야 하는지 추가적인 연구가 필요하다.

둘째, 현재 진행되고 있는 사례의 교훈 도출이 제한된 면이 있다. 국내사례의 코로나19와 국외사례의 우크라이나 전쟁은 위기관리가 종료된 이후에 최종적인 교훈이 도출될 수 있을 것이다.

셋째, 국외사례의 경우 자료수집이 제한된 면이 있어 더 철저한 분석이 부족한 것은 본 연구의 한계이다.

따라서 향후 연구가 필요한 분야는 첫째, 국민의 생명과 재산을 보장하기 위해 '국가위기관리기본법' 제정이 필요하다는 논리가 더욱 발전되어야 한다. 이를 위해 학계와 정부, 국회에서 논의가 활발하게 이루어져야 한다.

둘째, 적의 침투 · 도발과 그 위협에 대응하도록 되어 있는 통합방위법의 적용시점과 위협의 대상을 확대하여야 한다. 이를 위해 통합방위법의 개정도 논의가 되어야 한다.

셋째, 포괄안보 개념으로 위기관리를 인식해야 하는 부분에 대한 연구가 필요하다. 이를 통해 전통안보와 비전통 안보로 이분된 국가위기관리제도가 통합되어야 한다. 전쟁보다 더 분명한 재난은 없는데 한국은 이 부분에 대해서는 간과하는 경향이 있다.

# 부록

통합방위법

국민보호와 공공안전을 위한 테러방지법

# 통합방위법

[시행 2021. 3. 23.] [법률 제17686호, 2020. 12. 22., 일부개정]

국방부(합동참모본부 통합방위과) 02-748-3459

## 제1장 총칙 〈신설 2009. 5. 21.〉

**제1조(목적)** 이 법은 적(敵)의 침투 · 도발이나 그 위협에 대응하기 위하여 국가 총력전(總力戰)의 개념을 바탕으로 국가방위요소를 통합 · 운용하기 위한 통합방위 대책을 수립 · 시행하기 위하여 필요한 사항을 규정함을 목적으로 한다.

[전문개정 2009. 5. 21.]

**제2조(정의)** 이 법에서 사용하는 용어의 뜻은 다음과 같다. 〈개정 2014. 11. 19., 2016. 5. 29., 2017. 7. 26., 2020. 12. 22.〉

1. "통합방위"란 적의 침투 · 도발이나 그 위협에 대응하기 위하여 각종 국가방위요소를 통합하고 지휘체계를 일원화하여 국가를 방위하는 것을 말한다.
2. "국가방위요소"란 통합방위작전의 수행에 필요한 다음 각 목의 방위전력(防衛戰力) 또는 그 지원 요소를 말한다.
   가. 「국군조직법」 제2조에 따른 국군
   나. 경찰청 · 해양경찰청 및 그 소속 기관과 「제주특별자치도 설치 및 국제자유도시 조성을 위한 특별법」에 따른 자치경찰기구
   다. 국가기관 및 지방자치단체(가목과 나목의 경우는 제외한다)
   라. 「예비군법」 제1조에 따른 예비군
   마. 「민방위기본법」 제17조에 따른 민방위대
   바. 제6조에 따라 통합방위협의회를 두는 직장
3. "통합방위사태"란 적의 침투 · 도발이나 그 위협에 대응하여 제6호부터 제8호까지의 구분에 따라 선포하는 단계별 사태를 말한다.
4. "통합방위작전"이란 통합방위사태가 선포된 지역에서 제15조에 따라 통합방위본부장, 지역군사령관, 함대사령관 또는 시、도경찰청장(이하 "작전지휘관"이라 한다)이 국가방위요소를 통합하여 지휘、통제하는 방위작전을 말한다.

5. "지역군사령관"이란 통합방위작전 관할구역에 있는 군부대의 여단장급(旅團長級) 이상 지휘관 중에서 통합방위본부장이 정하는 사람을 말한다.

6. "갑종사태"란 일정한 조직체계를 갖춘 적의 대규모 병력 침투 또는 대량살상무기(大量殺傷武器) 공격 등의 도발로 발생한 비상사태로서 통합방위본부장 또는 지역군사령관의 지휘 · 통제 하에 통합방위작전을 수행하여야 할 사태를 말한다.

7. "을종사태"란 일부 또는 여러 지역에서 적이 침투 · 도발하여 단기간 내에 치안이 회복되기 어려워 지역군사령관의 지휘 · 통제 하에 통합방위작전을 수행하여야 할 사태를 말한다.

8. "병종사태"란 적의 침투 · 도발 위협이 예상되거나 소규모의 적이 침투하였을 때에 시 · 도경찰청장, 지역군사령관 또는 함대사령관의 지휘 · 통제 하에 통합방위작전을 수행하여 단기간 내에 치안이 회복될 수 있는 사태를 말한다.

9. "침투"란 적이 특정 임무를 수행하기 위하여 대한민국 영역을 침범한 상태를 말한다.

10. "도발"이란 적이 특정 임무를 수행하기 위하여 대한민국 국민 또는 영역에 위해(危害)를 가하는 모든 행위를 말한다.

11. "위협"이란 대한민국을 침투 · 도발할 것으로 예상되는 적의 침투 · 도발 능력과 기도(企圖)가 드러난 상태를 말한다.

12. "방호"란 적의 각종 도발과 위협으로부터 인원 · 시설 및 장비의 피해를 방지하고 모든 기능을 정상적으로 유지할 수 있도록 보호하는 작전 활동을 말한다.

13. "국가중요시설"이란 공공기관, 공항 · 항만, 주요 산업시설 등 적에 의하여 점령 또는 파괴되거나 기능이 마비될 경우 국가안보와 국민생활에 심각한 영향을 주게 되는 시설을 말한다.

[전문개정 2009. 5. 21.]

**제3조(통합방위태세의 확립 등)** ① 정부는 국가방위요소의 육성 및 통합방위태세의 확립을 위하여 필요한 시책을 마련하여야 한다.

② 각 지방자치단체의 장은 관할구역별 통합방위태세의 확립에 필요한 시책을 마련하여야 한다.

③ 각급 행정기관 및 군부대의 장은 통합방위작전을 원활하게 수행하기 위하여 서로 지원하고 협조하여야 한다.

④ 정부는 통합방위사태의 선포에 따른 국가방위요소의 동원 비용을 대통령령으로 정하는 바에 따라 예산의 범위에서 해당 지방자치단체에 지원할 수 있다.

[전문개정 2009. 5. 21.]

## 제2장 통합방위기구 운용 〈신설 2009. 5. 21.〉

**제4조(중앙 통합방위협의회)** ① 국무총리 소속으로 중앙 통합방위협의회(이하 "중앙협의회"라 한다)를 둔다.

② 중앙협의회의 의장은 국무총리가 되고, 위원은 기획재정부장관, 교육부장관, 과학기술정보통신부장관, 외교부장관, 통일부장관, 법무부장관, 국방부장관, 행정안전부장관, 문화체육관광부장관, 농림축산식품부장관, 산업통상자원부장관, 보건복지부장관, 환경부장관, 고용노동부장관, 여성가족부장관, 국토교통부장관, 해양수산부장관, 중소벤처기업부장관, 국무조정실장, 국가보훈처장, 법제처장, 식품의약품안전처장, 국가정보원장 및 통합방위본부장과 그 밖에 대통령령으로 정하는 사람이 된다. 〈개정 2010. 1. 18., 2010. 6. 4., 2013. 3. 23., 2014. 11. 19., 2017. 7. 26.〉

③ 중앙협의회에 간사 1명을 두고, 간사는 통합방위본부의 부본부장이 된다.

④ 중앙협의회는 다음 각 호의 사항을 심의한다.

1. 통합방위 정책
2. 통합방위작전 · 훈련 및 지침
3. 통합방위사태의 선포 또는 해제
4. 그 밖에 통합방위에 관하여 대통령령으로 정하는 사항

⑤ 중앙협의회의 운영 등에 필요한 사항은 대통령령으로 정한다.

[전문개정 2009. 5. 21.]

**제5조(지역 통합방위협의회)** ① 특별시장 · 광역시장 · 특별자치시장 · 도지사 · 특별자치도지사(이하 "시 · 도지사"라 한다) 소속으로 특별시 · 광역시 · 특별자치시 · 도 · 특별자치도 통합방위협의회(이하 "시 · 도 협의회"라 한다)를 두고, 그 의장은 시 · 도지사가 된다. 〈개정 2013. 3. 22.〉

② 시장 · 군수 · 구청장(자치구의 구청장을 말한다. 이하 같다) 소속으로 시 · 군 · 구 통합방위협의회를 두고, 그 의장은 시장 · 군수 · 구청장이 된다.

③ 시 · 도 협의회와 시 · 군 · 구 통합방위협의회(이하 "지역협의회"라 한다)는 다음 각 호의 사항을 심의한다. 다만, 제1호 및 제3호의 사항은 시 · 도 협의회에 한한다.

1. 적이 침투하거나 숨어서 활동하기 쉬운 지역(이하 "취약지역"이라 한다)의 선정 또는 해제
2. 통합방위 대비책
3. 을종사태 및 병종사태의 선포 또는 해제

4. 통합방위작전 · 훈련의 지원 대책

5. 국가방위요소의 효율적 육성 · 운용 및 지원 대책

④ 지역협의회의 구성 및 운영 등에 필요한 사항은 대통령령으로 정하는 기준에 따라 조례로 정한다.

[전문개정 2009. 5. 21.]

**제6조(직장 통합방위협의회)** ① 직장에는 직장 통합방위협의회(이하 "직장협의회"라 한다)를 두고, 그 의장은 직장의 장이 된다.

② 직장협의회를 두어야 하는 직장의 범위와 직장협의회의 운영 등에 필요한 사항은 대통령령으로 정한다.

[전문개정 2009. 5. 21.]

**제7조(협의회의 통합 · 운영)** 중앙협의회, 지역협의회 및 직장협의회는 대통령령으로 정하는 기준에 따라 각각 다음 각 호의 기구와 통합 · 운영할 수 있다. 〈개정 2016. 5. 29.〉

1. 「예비군법」 제14조의3제2항에 따른 방위협의회

2. 「민방위기본법」 제6조 또는 제7조에 따른 중앙민방위협의회 또는 지역민방위협의회

[전문개정 2009. 5. 21.]

**제8조(통합방위본부)** ① 합동참모본부에 통합방위본부를 둔다.

② 통합방위본부에는 본부장과 부본부장 1명씩을 두되, 통합방위본부장은 합동참모의장이 되고 부본부장은 합동참모본부 합동작전본부장이 된다.

③ 통합방위본부는 다음 각 호의 사무를 분장한다.

1. 통합방위 정책의 수립 · 조정

2. 통합방위 대비태세의 확인 · 감독

3. 통합방위작전 상황의 종합 분석 및 대비책의 수립

4. 통합방위작전, 훈련지침 및 계획의 수립과 그 시행의 조정 · 통제

5. 통합방위 관계기관 간의 업무 협조 및 사업 집행사항의 협의 · 조정

④ 통합방위본부에 통합방위에 관한 정부 내 업무 협조와 그 밖에 통합방위 업무의 원활한 수행을 위하여 통합방위 실무위원회(이하 "실무위원회"라 한다)를 둔다.

⑤ 실무위원회의 구성 및 운영 등에 필요한 사항은 대통령령으로 정한다.

[전문개정 2009. 5. 21.]

**제9조(통합방위 지원본부)** ① 시 · 도지사 소속으로 시 · 도 통합방위 지원본부를 두고,

시장 · 군수 · 구청장 · 읍장 · 면장 · 동장 소속으로 시 · 군 · 구 · 읍 · 면 · 동 통합방위 지원본부를 둔다.

② 시 · 도 통합방위 지원본부와 시 · 군 · 구 · 읍 · 면 · 동 통합방위 지원본부(이하 "각 통합방위 지원본부"라 한다)는 관할지역별로 다음 각 호의 사무를 분장한다.

1. 통합방위작전 및 훈련에 대한 지원계획의 수립 · 시행
2. 통합방위 종합상황실의 설치 · 운영
3. 국가방위요소의 육성 · 지원
4. 통합방위 취약지역을 대상으로 한 주민신고 체제의 확립
5. 그 밖에 대통령령 또는 조례로 정하는 사항

③ 각 통합방위 지원본부의 조직과 운영에 필요한 사항은 대통령령으로 정하는 기준에 따라 조례로 정한다.

[전문개정 2009. 5. 21.]

**제9조의2(정보센터 및 합동정보조사팀의 운영)** ① 정부 각 기관의 대공(對共)정보업무를 조정 · 분담하고, 적의 침투 · 도발 및 적의 정황에 관한 첩보를 수집하며, 정보를 판단하여 지역 작전부대를 지원하기 위하여 국가정보원 · 군 · 경찰 · 지방자치단체 등으로 구성된 지역단위의 정보센터를 비상설 기구로 설치 · 운영할 수 있다.

② 적의 부대나 요원의 출현, 그 밖의 대공혐의 상황이 발생하였을 때에는 현지의 상황을 조사 · 분석하고, 체포된 포로에 대하여 일차적으로 신문(訊問)하기 위하여 국가정보원 · 군 · 경찰 등 관계 기관 정보원으로 구성된 합동정보조사팀을 설치 · 운영할 수 있다.

③ 그 밖에 정보센터 및 합동정보조사팀의 설치 · 운영 등에 필요한 사항은 대통령령으로 정한다.

[본조신설 2020. 12. 22.]

**제10조(합동보도본부 등)** ① 작전지휘관은 대통령령으로 정하는 바에 따라 언론기관의 취재 활동을 지원하여야 한다.

② 작전지휘관은 통합방위 진행 상황 및 대국민 협조사항 등을 알리기 위하여 필요하면 합동보도본부를 설치 · 운영할 수 있다.

③ 통합방위작전을 수행할 때에 병력 또는 장비의 이동 · 배치 · 성능이나 작전계획에 관련된 사항은 공개하지 아니한다. 다만, 통합방위작전의 수행에 지장을 주지 아니하는 범위에서 국민이나 지역 주민에게 알릴 필요가 있는 사항은 그러하지 아니하다.

[전문개정 2009. 5. 21.]

[제16조에서 이동 , 종전 제10조는 제12조로 이동 〈2009. 5. 21.〉]

## 제3장 경계태세 및 통합방위사태 〈신설 2009. 5. 21.〉

**제11조(경계태세)** ① 대통령령으로 정하는 군부대의 장 및 경찰관서의 장(이하 이 조에서 "발령권자"라 한다)은 적의 침투 · 도발이나 그 위협이 예상될 경우 통합방위작전을 준비하기 위하여 경계태세를 발령할 수 있다.

② 제1항에 따라 경계태세가 발령된 때에는 해당 지역의 국가방위요소는 적의 침투 · 도발이나 그 위협에 대응하기 위하여 필요한 지휘 · 협조체계를 구축하여야 한다.

③ 발령권자는 경계태세 상황이 종료되거나 상급 지휘관의 지시가 있는 경우 경계태세를 해제하여야 하고, 제12조에 따라 통합방위사태가 선포된 때에는 경계태세는 해제된 것으로 본다.

④ 경계태세의 종류, 발령 · 해제 절차 및 경계태세 발령 시 국가방위요소 간 지휘 · 협조체계 구축 등에 필요한 사항은 대통령령으로 정한다.

[본조신설 2009. 5. 21.]

[종전 제11조는 제13조로 이동 〈2009. 5. 21.〉]

**제12조(통합방위사태의 선포)** ① 통합방위사태는 갑종사태, 을종사태 또는 병종사태로 구분하여 선포한다.

② 제1항의 사태에 해당하는 상황이 발생하면 다음 각 호의 구분에 따라 해당하는 사람은 즉시 국무총리를 거쳐 대통령에게 통합방위사태의 선포를 건의하여야 한다. 〈개정 2013. 3. 22., 2013. 3. 23., 2014. 11. 19., 2017. 7. 26.〉

1. 갑종사태에 해당하는 상황이 발생하였을 때 또는 둘 이상의 특별시 · 광역시 · 특별자치시 · 도 · 특별자치도(이하 "시 · 도"라 한다)에 걸쳐 을종사태에 해당하는 상황이 발생하였을 때: 국방부장관
2. 둘 이상의 시 · 도에 걸쳐 병종사태에 해당하는 상황이 발생하였을 때: 행정안전부장관 또는 국방부장관

③ 대통령은 제2항에 따른 건의를 받았을 때에는 중앙협의회와 국무회의의 심의를 거쳐 통합방위사태를 선포할 수 있다.

④ 시 · 도경찰청장, 지역군사령관 또는 함대사령관은 을종사태나 병종사태에 해당하는 상황이 발생한 때에는 즉시 시 · 도지사에게 통합방위사태의 선포를 건의하여야 한다. 〈개정 2013. 3. 22., 2020. 12. 22.〉

⑤ 시 · 도지사는 제4항에 따른 건의를 받은 때에는 시 · 도 협의회의 심의를 거쳐 을종사태 또는 병종사태를 선포할 수 있다.

⑥ 시 · 도지사는 제5항에 따라 을종사태 또는 병종사태를 선포한 때에는 지체 없이 행정안전부장관 및 국방부장관과 국무총리를 거쳐 대통령에게 그 사실을 보고하여야 한다. 〈개정 2013. 3. 23., 2014. 11. 19., 2017. 7. 26.〉

⑦ 제3항이나 제5항에 따라 통합방위사태를 선포할 때에는 그 이유, 종류, 선포일시, 구역 및 작전지휘관에 관한 사항을 공고하여야 한다.

⑧ 시 · 도지사가 통합방위사태를 선포한 지역에 대하여 대통령이 통합방위사태를 선포한 때에는 그 때부터 시 · 도지사가 선포한 통합방위사태는 효력을 상실한다.

⑨ 제1항부터 제8항까지에서 규정한 사항 외에 통합방위사태의 구체적인 선포요건 · 절차 및 공고 방법 등에 관하여 필요한 사항은 대통령령으로 정한다.

[전문개정 2009. 5. 21.]

[제10조에서 이동, 종전 제12조는 제14조로 이동 〈2009. 5. 21.〉]

**제13조(국회 또는 시 · 도의회에 대한 통고 등)** ① 대통령은 통합방위사태를 선포한 때에는 지체 없이 그 사실을 국회에 통고하여야 한다.

② 시 · 도지사는 통합방위사태를 선포한 때에는 지체 없이 그 사실을 시 · 도의회에 통고하여야 한다.

③ 대통령 또는 시 · 도지사는 제1항이나 제2항에 따른 통고를 할 때에 국회 또는 시 · 도의회가 폐회 중이면 그 소집을 요구하여야 한다.

[전문개정 2009. 5. 21.]

[제11조에서 이동, 종전 제13조는 제15조로 이동 〈2009. 5. 21.〉]

**제14조(통합방위사태의 해제)** ① 대통령은 통합방위사태가 평상 상태로 회복되거나 국회가 해제를 요구하면 지체 없이 그 통합방위사태를 해제하고 그 사실을 공고하여야 한다.

② 대통령은 제1항에 따라 통합방위사태를 해제하려면 중앙협의회와 국무회의의 심의를 거쳐야 한다. 다만, 국회가 해제를 요구한 경우에는 그러하지 아니한다.

③ 국방부장관 또는 행정안전부장관은 통합방위사태가 평상 상태로 회복된 때에는 국무총리를 거쳐 대통령에게 통합방위사태의 해제를 건의하여야 한다. 〈개정 2013. 3. 23., 2014. 11. 19., 2017. 7. 26.〉

④ 시 · 도지사는 통합방위사태가 평상 상태로 회복되거나 시 · 도의회에서 해제를 요구하면 지체 없이 통합방위사태를 해제하고 그 사실을 공고하여야 한다. 이 경우 시 · 도지사는 그 통합방위사태의 해제사실을 행정안전부장관 및 국방

부장관과 국무총리를 거쳐 대통령에게 보고하여야 한다. 〈개정 2013. 3. 23., 2014. 11. 19., 2017. 7. 26.〉

⑤ 시 · 도지사는 제4항 전단에 따라 통합방위사태를 해제하려면 시 · 도 협의회의 심의를 거쳐야 한다. 다만, 시 · 도의회가 해제를 요구하였을 때에는 그러하지 아니한다.

⑥ 시 · 도경찰청장, 지역군사령관 또는 함대사령관은 통합방위사태가 평상 상태로 회복된 때에는 시 · 도지사에게 통합방위사태의 해제를 건의하여야 한다. 〈개정 2013. 3. 22., 2020. 12. 22.〉

[전문개정 2009. 5. 21.]

[제12조에서 이동, 종전 제14조는 제16조로 이동 〈2009. 5. 21.〉]

## 제4장 통합방위작전 및 훈련 〈신설 2009. 5. 21.〉

**제15조(통합방위작전)** ① 통합방위작전의 관할구역은 다음 각 호와 같이 구분한다.

1. 지상 관할구역: 특정경비지역, 군관할지역 및 경찰관할지역
2. 해상 관할구역: 특정경비해역 및 일반경비해역
3. 공중 관할구역: 비행금지공역(空域) 및 일반공역

② 시 · 도경찰청장, 지역군사령관 또는 함대사령관은 통합방위사태가 선포된 때에는 즉시 다음 각 호의 구분에 따라 통합방위작전(공군작전사령관의 경우에는 통합방위 지원작전)을 신속하게 수행하여야 한다. 다만, 을종사태가 선포된 경우에는 지역군사령관이 통합방위작전을 수행하고, 갑종사태가 선포된 경우에는 통합방위본부장 또는 지역군사령관이 통합방위작전을 수행한다. 〈개정 2020. 12. 22.〉

1. 경찰관할지역: 시 · 도경찰청장
2. 특정경비지역 및 군관할지역: 지역군사령관
3. 특정경비해역 및 일반경비해역: 함대사령관
4. 비행금지공역 및 일반공역: 공군작전사령관

③ 통합방위사태가 선포된 때에는 해당 지역의 모든 국가방위요소는 대통령령으로 정하는 바에 따라 통합방위작전을 효율적으로 수행하기 위하여 필요한 지휘 · 협조체계를 구축하여야 한다.

④ 제1항부터 제3항까지에서 규정한 사항 외에 통합방위작전 관할구역의 세부 범위 및 통합방위작전의 시행 등에 필요한 사항은 실무위원회의 심의를 거쳐 통합방위본부장이 정한다.

⑤ 통합방위작전의 임무를 수행하는 사람은 그 작전지역에서 대통령령으로 정하는 바에 따라 임무 수행에 필요한 검문을 할 수 있다.

[전문개정 2009. 5. 21.]

[제13조에서 이동, 종전 제15조는 제17조로 이동 〈2009. 5. 21.〉]

**제15조의2**

[제15조의2는 제21조로 이동 〈2009. 5. 21.〉]

**제16조(통제구역 등)** ① 시ㆍ도지사 또는 시장ㆍ군수ㆍ구청장은 다음 각 호의 어느 하나에 해당하면 대통령령으로 정하는 바에 따라 인명ㆍ신체에 대한 위해를 방지하기 위하여 필요한 통제구역을 설정하고, 통합방위작전 또는 경계태세 발령에 따른 군ㆍ경 합동작전에 관련되지 아니한 사람에 대하여는 출입을 금지ㆍ제한하거나 그 통제구역으로부터 퇴거할 것을 명할 수 있다. 〈개정 2013. 3. 22.〉

1. 통합방위사태가 선포된 경우
2. 적의 침투ㆍ도발 징후가 확실하여 경계태세 1급이 발령된 경우

② 제1항에 따른 통제구역의 설정 기준ㆍ절차 및 공고 방법 등에 관하여 필요한 사항은 대통령령으로 정한다.

[전문개정 2009. 5. 21.]

[제14조에서 이동, 종전 제16조는 제10조로 이동 〈2009. 5. 21.〉]

**제17조(대피명령)** ① 시ㆍ도지사 또는 시장ㆍ군수ㆍ구청장은 통합방위사태가 선포된 때에는 인명ㆍ신체에 대한 위해를 방지하기 위하여 즉시 작전지역에 있는 주민이나 체류 중인 사람에게 대피할 것을 명할 수 있다.

② 제1항에 따른 대피명령(이하 "대피명령"이라 한다)은 방송ㆍ확성기ㆍ벽보, 그 밖에 대통령령으로 정하는 방법에 따라 공고하여야 한다.

③ 안전대피방법과 대피명령의 실시방법ㆍ절차 등에 관하여 필요한 사항은 대통령령으로 정한다.

[전문개정 2009. 5. 21.]

[제15조에서 이동, 종전 제17조는 제22조로 이동 〈2009. 5. 21.〉]

**제17조의2**

[제17조의2는 제18조로 이동 〈2009. 5. 21.〉]

**제18조(검문소의 운용)** ① 시ㆍ도경찰청장, 지방해양경찰청장(대통령령으로 정하는 해양경찰서장을 포함한다. 이하 같다), 지역군사령관 및 함대사령관은 관할구역 중에서 적의 침투가 예상되는 곳 등에 검문소를 설치ㆍ운용할 수 있다. 다만, 지방해양경찰청장이 검문소를 설치하는 경우에는 미리 관할 함대사령관과 협의하여야 한다. 〈개정 2014. 11. 19., 2017. 7. 26., 2020. 12. 22.〉

② 검문소의 지휘 · 통신체계 및 운용 등에 필요한 사항은 대통령령으로 정한다.

[전문개정 2009. 5. 21.]

[제17조의2에서 이동, 종전 제18조는 제19조로 이동 〈2009. 5. 21.〉]

**제19조(신고)** 적의 침투 또는 출현이나 그러한 흔적을 발견한 사람은 누구든지 그 사실을 지체 없이 군부대 또는 행정기관에 신고하여야 한다.

[전문개정 2009. 5. 21.]

[제18조에서 이동, 종전 제19조는 제23조로 이동 〈2009. 5. 21.〉]

**제20조(통합방위훈련)** 통합방위본부장은 효율적인 통합방위작전 수행 및 지원에 대한 절차를 숙달하기 위하여 대통령이 정하는 바에 따라 국가방위요소가 참여하는 통합방위훈련을 실시한다.

[본조신설 2009. 5. 21.]

[종전 제20조는 제24조로 이동 〈2009. 5. 21.〉]

## 제5장 국가중요시설 및 취약지역 관리 〈신설 2009. 5. 21.〉

**제21조(국가중요시설의 경비 · 보안 및 방호)** ① 국가중요시설의 관리자(소유자를 포함한다. 이하 같다)는 경비 · 보안 및 방호책임을 지며, 통합방위사태에 대비하여 자체방호계획을 수립하여야 한다. 이 경우 국가중요시설의 관리자는 자체방호계획을 수립하기 위하여 필요하면 시 · 도경찰청장 또는 지역군사령관에게 협조를 요청할 수 있다. 〈개정 2020. 12. 22.〉

② 시 · 도경찰청장 또는 지역군사령관은 통합방위사태에 대비하여 국가중요시설에 대한 방호지원계획을 수립 · 시행하여야 한다. 〈개정 2020. 12. 22.〉

③ 국가중요시설의 평시 경비 · 보안활동에 대한 지도 · 감독은 관계 행정기관의 장과 국가정보원장이 수행한다.

④ 국가중요시설은 국방부장관이 관계 행정기관의 장 및 국가정보원장과 협의하여 지정한다.

⑤ 국가중요시설의 자체방호, 방호지원계획, 그 밖에 필요한 사항은 대통령령으로 정한다.

[전문개정 2009. 5. 21.]

[제15조의2에서 이동 〈2009. 5. 21.〉]

**제22조(취약지역의 선정 및 관리 등)** ① 시 · 도지사는 다음 각 호의 어느 하나에 해당하는 지역을 대통령령으로 정하는 바에 따라 연 1회 분석하여 시 · 도 협의회의

심의를 거쳐 취약지역으로 선정하거나 선정된 취약지역을 해제할 수 있다. 이 경우 선정하거나 해제한 결과를 통합방위본부장에게 통보하여야 한다.

1. 교통 · 통신시설이 낙후되어 즉각적인 통합방위작전이 어려운 오지(奧地) 또는 벽지(僻地)
2. 간첩이나 무장공비가 침투한 사실이 있거나 이들이 숨어서 활동하기 쉬운 지역
3. 적이 저공(低空) 침투하거나 저속 항공기가 착륙하기 쉬운 탁 트인 곳 또는 호수
4. 그 밖에 대통령령으로 정하는 지역

② 제1항에도 불구하고 통합방위본부장은 둘 이상의 시 · 도에 걸쳐 있거나 국가적인 통합방위 대비책이 필요한 지역을 실무위원회의 심의를 거쳐 취약지역으로 선정하거나 선정된 취약지역을 해제할 수 있다. 이 경우 선정하거나 해제한 결과를 관할 시 · 도지사에게 통보하여야 한다.

③ 시 · 도지사는 제1항과 제2항에 따라 선정된 취약지역에 장애물을 설치하는 등 취약지역의 통합방위를 위하여 필요한 대비책을 마련하여야 한다.

④ 지역군사령관은 취약지역 중 방호 활동이 필요하다고 인정되는 해안 또는 강안(江岸)에 철책 등 차단시설을 설치하고 대통령령으로 정하는 바에 따라 민간인의 출입을 제한할 수 있다.

⑤ 제3항에 따른 취약지역의 통합방위 대비책에 관하여 필요한 사항은 대통령령으로 정하는 기준에 따라 시 · 도의 조례로 정한다.

[전문개정 2009. 5. 21.]

[제17조에서 이동 〈2009. 5. 21.〉]

## 제6장 보칙 〈신설 2009. 5. 21.〉

**제23조(문책 및 시정요구 등)** ① 통합방위본부장은 통합방위 업무를 담당하는 공무원 또는 통합방위작전 및 훈련에 참여한 사람이 그 직무를 게을리하여 국가안전보장이나 통합방위 업무에 중대한 지장을 초래한 경우에는 그 소속 기관 또는 직장의 장에게 해당자의 명단을 통보할 수 있다.

② 제1항에 따른 통보를 받은 소속 기관 또는 직장의 장은 특별한 사유가 없으면 징계 등 적절한 조치를 하여야 하고, 그 결과를 통합방위본부장에게 통보하여야 한다.

③ 통합방위본부장은 국가중요시설에 대한 방호태세 유지를 위하여 필요하면 제21조제1항 및 제2항에 따라 수립된 국가중요시설의 자체방호계획 및 방호지원계획의 시정을 요구할 수 있다.

[전문개정 2009. 5. 21.]

[제19조에서 이동 〈2009. 5. 21.〉]

## 제7장 벌칙 〈신설 2009. 5. 21.〉

**제24조(벌칙)** ① 제16조제1항의 출입 금지 · 제한 또는 퇴거명령을 위반한 사람은 1년 이하의 징역 또는 1천만원 이하의 벌금에 처한다. 〈개정 2014. 5. 9.〉

② 제17조제1항의 대피명령을 위반한 사람은 300만원 이하의 벌금에 처한다.

[전문개정 2009. 5. 21.]

[제20조에서 이동 〈2009. 5. 21.〉]

## 부칙 〈제17689호, 2020. 12. 22.〉 (국가경찰과 자치경찰의 조직 및 운영에 관한 법률)

**제1조(시행일)** 이 법은 2021년 1월 1일부터 시행한다.

**제2조** 부터 제6조까지 생략

**제7조(다른 법률의 개정)** ①부터 ㊽까지 생략

㊾ 통합방위법 일부를 다음과 같이 개정한다.

제2조제4호 중 "지방경찰청장(이하 "작전지휘관"이라 한다)"을 "시 · 도경찰청장(이하 "작전지휘관"이라 한다)"으로 한다.

제2조제8호, 제12조제4항, 제14조제6항, 제15조제2항 각 호 외의 부분 본문 및 같은 항 제1호, 제18조제1항 본문, 제21조제1항 후단 및 같은 조 제2항 중 "지방경찰청장"을 각각 "시 · 도경찰청장"으로 한다.

㊿부터 〈53〉까지 생략

**제8조** 생략

# 국민보호와 공공안전을 위한 테러방지법

(약칭: 테러방지법)

[시행 2021. 7. 20.] [법률 제18321호, 2021. 7. 20., 일부개정]

국가정보원(국가정보원) 111

국무조정실(대테러센터) 02-2100-2034

**제1조(목적)** 이 법은 테러의 예방 및 대응 활동 등에 관하여 필요한 사항과 테러로 인한 피해보전 등을 규정함으로써 테러로부터 국민의 생명과 재산을 보호하고 국가 및 공공의 안전을 확보하는 것을 목적으로 한다.

**제2조(정의)** 이 법에서 사용하는 용어의 뜻은 다음과 같다. 〈개정 2020. 6. 9., 2021. 7. 20.〉

1. "테러"란 국가 · 지방자치단체 또는 외국 정부(외국 지방자치단체와 조약 또는 그 밖의 국제적인 협약에 따라 설립된 국제기구를 포함한다)의 권한행사를 방해하거나 의무 없는 일을 하게 할 목적 또는 공중을 협박할 목적으로 하는 다음 각 목의 행위를 말한다.

가. 사람을 살해하거나 사람의 신체를 상해하여 생명에 대한 위험을 발생하게 하는 행위 또는 사람을 체포 · 감금 · 약취 · 유인하거나 인질로 삼는 행위

나. 항공기(「항공안전법」 제2조제1호의 항공기를 말한다. 이하 이 목에서 같다)와 관련된 다음 각각의 어느 하나에 해당하는 행위

1) 운항 중(「항공보안법」 제2조제1호의 운항 중을 말한다. 이하 이 목에서 같다)인 항공기를 추락시키거나 전복 · 파괴하는 행위, 그 밖에 운항 중인 항공기의 안전을 해칠 만한 손괴를 가하는 행위

2) 폭행이나 협박, 그 밖의 방법으로 운항중인 항공기를 강탈하거나 항공기의 운항을 강제하는 행위

3) 항공기의 운항과 관련된 항공시설을 손괴하거나 조작을 방해하여 항공기의 안전운항에 위해를 가하는 행위

다. 선박(「선박 및 해상구조물에 대한 위해행위의 처벌 등에 관한 법률」 제2조

제1호 본문의 선박을 말한다. 이하 이 목에서 같다) 또는 해상구조물(같은 법 제2조제5호의 해상구조물을 말한다. 이하 이 목에서 같다)과 관련된 다음 각각의 어느 하나에 해당하는 행위

1) 운항(같은 법 제2조제2호의 운항을 말한다. 이하 이 목에서 같다) 중인 선박 또는 해상구조물을 파괴하거나, 그 안전을 위태롭게 할 만한 정도의 손상을 가하는 행위(운항 중인 선박이나 해상구조물에 실려 있는 화물에 손상을 가하는 행위를 포함한다)

2) 폭행이나 협박, 그 밖의 방법으로 운항 중인 선박 또는 해상구조물을 강탈하거나 선박의 운항을 강제하는 행위

3) 운항 중인 선박의 안전을 위태롭게 하기 위하여 그 선박 운항과 관련된 기기 · 시설을 파괴하거나 중대한 손상을 가하거나 기능장애 상태를 일으키는 행위

라. 사망 · 중상해 또는 중대한 물적 손상을 유발하도록 제작되거나 그러한 위력을 가진 생화학 · 폭발성 · 소이성(燒夷性) 무기나 장치를 다음 각각의 어느 하나에 해당하는 차량 또는 시설에 배치하거나 폭발시키거나 그 밖의 방법으로 이를 사용하는 행위

1) 기차 · 전차 · 자동차 등 사람 또는 물건의 운송에 이용되는 차량으로서 공중이 이용하는 차량

2) 1)에 해당하는 차량의 운행을 위하여 이용되는 시설 또는 도로, 공원, 역, 그 밖에 공중이 이용하는 시설

3) 전기나 가스를 공급하기 위한 시설, 공중이 먹는 물을 공급하는 수도, 전기통신을 이용하기 위한 시설 및 그 밖의 시설로서 공용으로 제공되거나 공중이 이용하는 시설

4) 석유, 가연성 가스, 석탄, 그 밖의 연료 등의 원료가 되는 물질을 제조 또는 정제하거나 연료로 만들기 위하여 처리 · 수송 또는 저장하는 시설

5) 공중이 출입할 수 있는 건조물 · 항공기 · 선박으로서 1)부터 4)까지에 해당하는 것을 제외한 시설

마. 핵물질(「원자력시설 등의 방호 및 방사능 방재 대책법」 제2조제1호의 핵물질을 말한다. 이하 이 목에서 같다), 방사성물질(「원자력안전법」 제2조제5호의 방사성물질을 말한다. 이하 이 목에서 같다) 또는 원자력시설(「원자력시설 등의 방호 및 방사능 방재 대책법」 제2조제2호의 원자력시설을 말한다. 이하 이 목에서 같다)과 관련된 다음 각각의 어느 하나에 해당하는 행위

1) 원자로를 파괴하여 사람의 생명 · 신체 또는 재산을 해하거나 그 밖에 공

공의 안전을 위태롭게 하는 행위

2) 방사성물질 등과 원자로 및 관계 시설, 핵연료주기시설 또는 방사선발생장치를 부당하게 조작하여 사람의 생명이나 신체에 위험을 가하는 행위

3) 핵물질을 수수(授受) · 소지 · 소유 · 보관 · 사용 · 운반 · 개조 · 처분 또는 분산하는 행위

4) 핵물질이나 원자력시설을 파괴 · 손상 또는 그 원인을 제공하거나 원자력시설의 정상적인 운전을 방해하여 방사성물질을 배출하거나 방사선을 노출하는 행위

2. "테러단체"란 국제연합(UN)이 지정한 테러단체를 말한다.

3. "테러위험인물"이란 테러단체의 조직원이거나 테러단체 선전, 테러자금 모금 · 기부, 그 밖에 테러 예비 · 음모 · 선전 · 선동을 하였거나 하였다고 의심할 상당한 이유가 있는 사람을 말한다.

4. "외국인테러전투원"이란 테러를 실행 · 계획 · 준비하거나 테러에 참가할 목적으로 국적국이 아닌 국가의 테러단체에 가입하거나 가입하기 위하여 이동 또는 이동을 시도하는 내국인 · 외국인을 말한다.

5. "테러자금"이란 「공중 등 협박목적 및 대량살상무기확산을 위한 자금조달행위의 금지에 관한 법률」 제2조제1호에 따른 공중 등 협박목적을 위한 자금을 말한다.

6. "대테러활동"이란 제1호의 테러 관련 정보의 수집, 테러위험인물의 관리, 테러에 이용될 수 있는 위험물질 등 테러수단의 안전관리, 인원 · 시설 · 장비의 보호, 국제행사의 안전확보, 테러위협에의 대응 및 무력진압 등 테러 예방과 대응에 관한 제반 활동을 말한다.

7. "관계기관"이란 대테러활동을 수행하는 국가기관, 지방자치단체, 그 밖에 대통령령으로 정하는 기관을 말한다.

8. "대테러조사"란 대테러활동에 필요한 정보나 자료를 수집하기 위하여 현장조사 · 문서열람 · 시료채취 등을 하거나 조사대상자에게 자료제출 및 진술을 요구하는 활동을 말한다.

**제3조(국가 및 지방자치단체의 책무)** ① 국가 및 지방자치단체는 테러로부터 국민의 생명 · 신체 및 재산을 보호하기 위하여 테러의 예방과 대응에 필요한 제도와 여건을 조성하고 대책을 수립하여 이를 시행하여야 한다.

② 국가 및 지방자치단체는 제1항의 대책을 강구할 때 국민의 기본적 인권이 침해당하지 아니하도록 최선의 노력을 하여야 한다. 〈개정 2020. 6. 9.〉

③ 이 법을 집행하는 공무원은 헌법상 기본권을 존중하여 이 법을 집행하여야 하며 헌법과 법률에서 정한 적법절차를 준수할 의무가 있다.

**제4조(다른 법률과의 관계)** 이 법은 대테러활동에 관하여 다른 법률에 우선하여 적용한다.

**제5조(국가테러대책위원회)** ① 대테러활동에 관한 정책의 중요사항을 심의 · 의결하기 위하여 국가테러대책위원회(이하 "대책위원회"라 한다)를 둔다.

② 대책위원회는 국무총리 및 관계기관의 장 중 대통령령으로 정하는 사람으로 구성하고 위원장은 국무총리로 한다.

③ 대책위원회는 다음 각 호의 사항을 심의 · 의결한다.

1. 대테러활동에 관한 국가의 정책 수립 및 평가
2. 국가 대테러 기본계획 등 중요 중장기 대책 추진사항
3. 관계기관의 대테러활동 역할 분담 · 조정이 필요한 사항
4. 그 밖에 위원장 또는 위원이 대책위원회에서 심의 · 의결할 필요가 있다고 제의하는 사항

④ 그 밖에 대책위원회의 구성 · 운영 등에 필요한 사항은 대통령령으로 정한다.

**제6조(대테러센터)** ① 대테러활동과 관련하여 다음 각 호의 사항을 수행하기 위하여 국무총리 소속으로 관계기관 공무원으로 구성되는 대테러센터를 둔다.

1. 국가 대테러활동 관련 임무분담 및 협조사항 실무 조정
2. 장단기 국가대테러활동 지침 작성 · 배포
3. 테러경보 발령
4. 국가 중요행사 대테러안전대책 수립
5. 대책위원회의 회의 및 운영에 필요한 사무의 처리
6. 그 밖에 대책위원회에서 심의 · 의결한 사항

② 대테러센터의 조직 · 정원 및 운영에 관한 사항은 대통령령으로 정한다.

③ 대테러센터 소속 직원의 인적사항은 공개하지 아니할 수 있다.

**제7조(대테러 인권보호관)** ① 관계기관의 대테러활동으로 인한 국민의 기본권 침해 방지를 위하여 대책위원회 소속으로 대테러 인권보호관(이하 "인권보호관"이라 한다) 1명을 둔다.

② 인권보호관의 자격, 임기 등 운영에 관한 사항은 대통령령으로 정한다.

**제8조(전담조직의 설치)** ① 관계기관의 장은 테러 예방 및 대응을 위하여 필요한 전담조직을 둘 수 있다.

② 관계기관의 전담조직의 구성 및 운영과 효율적 테러대응을 위하여 필요한 사항은 대통령령으로 정한다.

**제9조(테러위험인물에 대한 정보 수집 등)** ① 국가정보원장은 테러위험인물에 대하

여 출입국 · 금융거래 및 통신이용 등 관련 정보를 수집할 수 있다. 이 경우 출입국 · 금융거래 및 통신이용 등 관련 정보의 수집은 「출입국관리법」, 「관세법」, 「특정 금융거래정보의 보고 및 이용 등에 관한 법률」, 「통신비밀보호법」의 절차에 따른다. 〈개정 2020. 6. 9.〉

② 국가정보원장은 제1항에 따른 정보 수집 및 분석의 결과 테러에 이용되었거나 이용될 가능성이 있는 금융거래에 대하여 지급정지 등의 조치를 취하도록 금융위원회 위원장에게 요청할 수 있다.

③ 국가정보원장은 테러위험인물에 대한 개인정보(「개인정보 보호법」상 민감정보를 포함한다)와 위치정보를 「개인정보 보호법」 제2조의 개인정보처리자와 「위치정보의 보호 및 이용 등에 관한 법률」 제5조제7항에 따른 개인위치정보사업자 및 같은 법 제5조의2제3항에 따른 사물위치정보사업자에게 요구할 수 있다. 〈개정 2018. 4. 17.〉

④ 국가정보원장은 대테러활동에 필요한 정보나 자료를 수집하기 위하여 대테러조사 및 테러위험인물에 대한 추적을 할 수 있다. 이 경우 사전 또는 사후에 대책위원회 위원장에게 보고하여야 한다.

**제10조(테러예방을 위한 안전관리대책의 수립)** ① 관계기관의 장은 대통령령으로 정하는 국가중요시설과 많은 사람이 이용하는 시설 및 장비(이하 "테러대상시설"이라 한다)에 대한 테러예방대책과 테러의 수단으로 이용될 수 있는 폭발물 · 총기류 · 화생방물질(이하 "테러이용수단"이라 한다), 국가 중요행사에 대한 안전관리대책을 수립하여야 한다.

② 제1항에 따른 안전관리대책의 수립 · 시행에 필요한 사항은 대통령령으로 정한다.

**제11조(테러취약요인 사전제거)** ① 테러대상시설 및 테러이용수단의 소유자 또는 관리자는 보안장비를 설치하는 등 테러취약요인 제거를 위하여 노력하여야 한다.

② 국가는 제1항의 테러대상시설 및 테러이용수단의 소유자 또는 관리자에게 필요한 경우 그 비용의 전부 또는 일부를 지원할 수 있다.

③ 제2항에 따른 비용의 지원 대상 · 기준 · 방법 및 절차 등에 필요한 사항은 대통령령으로 정한다.

**제12조(테러선동 · 선전물 긴급 삭제 등 요청)** ① 관계기관의 장은 테러를 선동 · 선전하는 글 또는 그림, 상징적 표현물, 테러에 이용될 수 있는 폭발물 등 위험물 제조법 등이 인터넷이나 방송 · 신문, 게시판 등을 통해 유포될 경우 해당 기관의 장에게 긴급 삭제 또는 중단, 감독 등의 협조를 요청할 수 있다.

② 제1항의 협조를 요청받은 해당 기관의 장은 필요한 조치를 취하고 그 결과를 관계기관의 장에게 통보하여야 한다.

**제13조(외국인테러전투원에 대한 규제)** ① 관계기관의 장은 외국인테러전투원으로 출국하려 한다고 의심할 만한 상당한 이유가 있는 내국인ㆍ외국인에 대하여 일시 출국금지를 법무부장관에게 요청할 수 있다.

② 제1항에 따른 일시 출국금지 기간은 90일로 한다. 다만, 출국금지를 계속할 필요가 있다고 판단할 상당한 이유가 있는 경우에 관계기관의 장은 그 사유를 명시하여 연장을 요청할 수 있다.

③ 관계기관의 장은 외국인테러전투원으로 가담한 사람에 대하여 「여권법」 제13조에 따른 여권의 효력정지 및 같은 법 제12조제3항에 따른 재발급 거부를 외교부장관에게 요청할 수 있다.

**제14조(신고자 보호 및 포상금)** ① 국가는 「특정범죄신고자 등 보호법」에 따라 테러에 관한 신고자, 범인검거를 위하여 제보하거나 검거활동을 한 사람 또는 그 친족 등을 보호하여야 한다.

② 관계기관의 장은 테러의 계획 또는 실행에 관한 사실을 관계기관에 신고하여 테러를 사전에 예방할 수 있게 하였거나, 테러에 가담 또는 지원한 사람을 신고하거나 체포한 사람에 대하여 대통령령으로 정하는 바에 따라 포상금을 지급할 수 있다.

**제15조(테러피해의 지원)** ① 테러로 인하여 신체 또는 재산의 피해를 입은 국민은 관계기관에 즉시 신고하여야 한다. 다만, 인질 등 부득이한 사유로 신고할 수 없을 때에는 법률관계 또는 계약관계에 의하여 보호의무가 있는 사람이 이를 알게 된 때에 즉시 신고하여야 한다.

② 국가 또는 지방자치단체는 제1항의 피해를 입은 사람에 대하여 대통령령으로 정하는 바에 따라 치료 및 복구에 필요한 비용의 전부 또는 일부를 지원할 수 있다. 다만, 「여권법」 제17조제1항 단서에 따른 외교부장관의 허가를 받지 아니하고 방문 및 체류가 금지된 국가 또는 지역을 방문ㆍ체류한 사람에 대해서는 그러하지 아니하다.

③ 제2항에 따른 비용의 지원 기준ㆍ절차ㆍ금액 및 방법 등에 관하여 필요한 사항은 대통령령으로 정한다.

**제16조(특별위로금)** ① 테러로 인하여 생명의 피해를 입은 사람의 유족 또는 신체상의 장애 및 장기치료가 필요한 피해를 입은 사람에 대해서는 그 피해의 정도에 따라 등급을 정하여 특별위로금을 지급할 수 있다. 다만, 「여권법」 제17조제1항 단서에 따른 외교부장관의 허가를 받지 아니하고 방문 및 체류가 금지된 국가 또는 지역을 방문ㆍ체류한 사람에 대해서는 그러하지 아니하다. 〈개정 2020. 6. 9.〉

② 제1항에 따른 특별위로금의 지급 기준ㆍ절차ㆍ금액 및 방법 등에 관하여 필요한 사항은 대통령령으로 정한다.

**제17조(테러단체 구성죄 등)** ① 테러단체를 구성하거나 구성원으로 가입한 사람은 다

음 각 호의 구분에 따라 처벌한다.

1. 수괴(首魁)는 사형 · 무기 또는 10년 이상의 징역
2. 테러를 기획 또는 지휘하는 등 중요한 역할을 맡은 사람은 무기 또는 7년 이상의 징역
3. 타국의 외국인테러전투원으로 가입한 사람은 5년 이상의 징역
4. 그 밖의 사람은 3년 이상의 징역

② 테러자금임을 알면서도 자금을 조달 · 알선 · 보관하거나 그 취득 및 발생원인에 관한 사실을 가장하는 등 테러단체를 지원한 사람은 10년 이하의 징역 또는 1억원 이하의 벌금에 처한다.

③ 테러단체 가입을 지원하거나 타인에게 가입을 권유 또는 선동한 사람은 5년 이하의 징역에 처한다.

④ 제1항 및 제2항의 미수범은 처벌한다.

⑤ 제1항 및 제2항에서 정한 죄를 저지를 목적으로 예비 또는 음모한 사람은 3년 이하의 징역에 처한다. 〈개정 2020. 6. 9.〉

⑥ 「형법」 등 국내법에 죄로 규정된 행위가 제2조의 테러에 해당하는 경우 해당 법률에서 정한 형에 따라 처벌한다.

**제18조(무고, 날조)** ① 타인으로 하여금 형사처분을 받게 할 목적으로 제17조의 죄에 대하여 무고 또는 위증을 하거나 증거를 날조 · 인멸 · 은닉한 사람은 「형법」 제152조부터 제157조까지에서 정한 형에 2분의 1을 가중하여 처벌한다.

② 범죄수사 또는 정보의 직무에 종사하는 공무원이나 이를 보조하는 사람 또는 이를 지휘하는 사람이 직권을 남용하여 제1항의 행위를 한 때에도 제1항의 형과 같다. 다만, 그 법정형의 최저가 2년 미만일 때에는 이를 2년으로 한다.

**제19조(세계주의)** 제17조의 죄는 대한민국 영역 밖에서 저지른 외국인에게도 국내법을 적용한다. 〈개정 2020. 6. 9.〉

## 부칙 〈제18321호, 2021. 7. 20.〉

이 법은 공포한 날부터 시행한다.

# 참고문헌

## 1. 국내 단행본


국방부(2018). 『2018 국방백서』. 대한민국 국방부.

______(2020). 『2020 국방백서』. 대한민국 국방부.

김광수(2012). 『손자병법』. 서울: 책세상.

김동식(2013). 『아무도 나를 신고하지 않았다』. 서울: 도서출판 기파랑.

김열수(2005). 『21세기 국가위기관리체제론』. 서울: 도서출판 오름.

김영욱(2002). 『위기관리의 이해』. 서울: 도서출판 책과길.

김종하(2008). 『미래전 국방개혁 그리고 획득전략』. 서울: 북코리아.

김종하 · 김재엽(2012). 『국가안보전략 어떻게 수립해야 하나?』. 대전: 글누리.

김진항(2018). 『포괄안보 시대의 위기관리 전략』. 성남: 북코리아.

류제승(2005). 『전쟁론』. 서울: 책세상.

문 일(2014). 『화생방 통합관리 주민보호시스템 개발』. 서울: 소방청.

박준석(2014). 『국가안보 위기관리 대테러론』. 서울: 백산출판사.

서재호 외(2018). 『국가 위기관리 입법론 연구』. 경기: 법문사.

육군본부(2021). 『코로나19 대응백서Ⅱ』.

이재은(2018). 『위기관리학』. 서울: 대영문화사.

이춘근(2020). 『전쟁과 국제정치』. 서울: 북앤피플.

이현우 외(2018). 『위기관리 커뮤니케이션』. 서울: 대영문화사.

장 혁(2021). 『한국의 국가안보정책 결정체계』. 서울: 늘품플러스.

정민섭 외(2020). 『미래 신흥안보위협과 육군의 대응방향』. 계룡: 육군미래혁신연구센터.

정성훈(2020). 『인간 국가 전쟁』. 경기: 아카넷.

정지범(2009). 『국가 종합위기관리』. 경기: 법문사.

정찬권(2010). 『21세기 포괄안보시대의 국가위기관리론』. 서울: 대왕사.

조영갑(1995). 『한국위기관리이론』. 서울: 도서출판 팔복원.

______(2006). 『국가위기관리론』. 서울: 선학사.

주은식(2001). 『전략론』. 서울: 책세상.

척 다운스 지음 · 송승종 옮김(1999). 『북한의 협상전략』. 서울: 한울.

최공웅 외(2018). 『리바이어던』. 서울: 동서문화사.

허만호(2015). 『한국의 근대적 민족국가 건설과 6 · 25전쟁』. 대구: 경북대학교출판부.

## 2. 국내 학술논문 및 연구보고서

강지은(2017). "프랑스의 비상사태: 비상사태의 선포 및 그에 따른 행정적 조치에 대한 사법적 통제를 중심으로". 『공법연구』 45호.

공성진(2009). "국가위기관리시스템 일원화 방안: 국가위기관리기본법 제정의 필요성". 『공성진 의원실』.

국무총리 비상기획위원회(2005). "포괄안보상황에 맞는 비상대비네트워크 강화 방안", 『비상기획위원회』.

국방대학교(2020). 『2020년 범국민 안보의식 조사』. 국가안전보장문제연구소.

______(2020). 『국민안보의식조사를 통한 정책대안 연구』. 국가안전보장문제연구소.

______(2021). 『2021년 범국민 안보의식 조사보고서』. 국가안전보장문제연구소.

김관호 · 김순태(2014). "국민 안보의식 변화에 대한 연구". 『국방연구』 제57권 제3호.

김광현(2022). "연평도 포격전 전투사례를 통한 전장리더십에 관한 연구". 한국군사학논집, 제78권 제1호.

김금양(2021). "COVID-19 위기관리에 대응한 지방정부의 역할에 관한 연구". 충남대학교 석사학위 논문.

김민호(2021). "코로나-19 팬데믹이 생물테러 대응체계에 주는 함의". 『아시아문화학술원』.

김병화(2007). "대테러 정책에 있어서 경찰의 Hub 역할구축 방안". 연세대학교 석사학위 논문.

김선홍(2008). "한국의 군사 위기관리체계 연구: 통합방위체계를 중심으로". 경원대학교 박사학위 논문.

김성진(2021). "한국의 위기관리 체계화 군사 대응기구의 효율성 고찰". 『군사논단』 제108호 겨울.

김정훈(2021). “헌법상 국민의 안전권 구현에 관한 연구: 재난 및 안전관리 법제를 중심으로”. 전남대학교 박사학위 논문.

김종하 · 김재엽(2011). “한 · 미 군사지휘체계 재편과정에서의 군사대비태세 강화방안”. 『국방정책연구』 제27권 4호.

김종하 · 김호정(2018). “한반도 비핵화를 위한 위기관리 및 협상전략에 관현 연구”. 『Crisisonomy』 제14권 8호.

김태영 외(2017). “군 대테러 활동 강화방안에 관한 연구”. 『한국치안행정논집』 제14권 1호.

김호중(2017). “한국 보수 · 진보 정부에서의 대북 위기관리전략에 관한 비교 연구”. 한남대학교 박사학위 논문.

남승현(2022). “우크라이나 침공에 대한 국제법적 검토”. 『국립외교원』.

노 훈 외(2014). “비정규 군사도발과 재난 대비 연계성에 관한 소고”. 『한국국방연구원』.

마정미(2017). “북한의 사이버 위협과 심리전에 대한 대응방안”. 국방대 안보연구 논문.

문영기(2019). “9 · 11과 ‘파리’테러 이후 군사개입 결정요인 비교 연구”. 경남대학교 박사학위 논문.

박동균(2020). “코로나19 사태를 통해 본 대한민국 위기관리의 문제점과 교훈”. 『한국치안행정논집』 제17권 3호.

박선희(2016). “프랑스의 대테러 정책: 자생적 테러리즘과 대테러 정책의 변화”. 『평화학연구』 제17권 3호.

백종순(2019). “한국의 테러대응 정책에 관한 연구”. 광주대학교 박사학위 논문.

부형욱(2020). “팬데믹 시대 국방의 역할”. 『한국국방연구원』.

______(2020). “신종 코로나 바이러스확산 사태의 안보적 의미”. 『한국국방연구원』.

______(2020). “코로나19 사태로 본 감염병 위기의 특성과 국방의 역할”. 『한국국방연구원』.

손효종(2022). “우크라이나 상황의 대북 시사점과 한국의 고려사항”. 『한국국방연구원』.

송석윤(2018). “인권보호 강화를 위한 테러방지법 개정방향 정책연구”. 『한국공법학회』.

신문근(2016). “파리 테러 그 이후”. 『국회사무처』.

윤우섭(2020). “국가적 재난 시 긴급구조지원기관으로서 한국군의 역할 강화에 관한 연구”. 한남대학교 박사학위 논문.

이동헌 외(2021). “전염병 위기 관리하기: 2020년 한국의 코로나19 전염병 위기와 국가-사회관계”. 『경제와 사회』.

이상대(2021). “국가재난안전관리의 시스템 혁신방안 연구”. 경기대학교 박사학위 논문.

이용석 · 정경두(2022). “러시아 대 우크라이나 사이버 전쟁의 교훈과 시사점”. 『국방정책연구』 통권 137호.

이재은(2005). “통합위기관리시스템의 효율화 방안: 통합위기관리시스템을 중심으로”. 『비상기획위원회』.

이창한 · 박기쁨 · 유효은(2017). “최근 북미 및 유럽지역의 테러리즘 동향연구”. 『한국경호경비학회지』 제53호.

이환범(2017). “통합적 재난안전관리체계 재정립 방안 연구”. 『한국조직학회』.

이희민(2003). “미국 재해관리시스템의 변천과정”. 『국토』 통권 258호.

임용빈(2008). “한국의 효율적 위기관리체제 구축에 관한 연구”. 『연세대학교 행정대학원』.

장웅선(2006). “9 · 11 테러 이후 미국 안보정책의 변화”. 한양대학교 석사학위 논문.

장정욱 외(2011). “일본 원전사고에서 무엇을 배울 것인가”. 『창작과 비평』 제39권 2호 통권 152호.

전영상(2012). “일본 후쿠시마 원자력발전소 폭발 사고에 대한 의사결정 상황 분석: 4차원 시 · 공간모형의 시각을 중심으로”. 건국대학교.

전웅(2004). “국가안보와 인간안보”. 『국제정치논집』 제44지 1호.

전일우(2016). “해양테러의 효과적 규제에 관한 연구”. 인하대학교 석사논문.

전종섭(2021). “한국의 국민보호와 공공안전을 위한 테러방지법 운영 실태 및 개선방안에 관한 연구”. 『한국국가안보 · 국민안전학회』 제12호.

정문섭(2020). “언론보도가 정부의 재난위기관리 활동에 미치는 영향: 코로나바이러스감염증-19를 중심으로”. 충북대학교 박사학위 논문.

정수성(2010). “서해 연평도 포격도발과 전시작전통제권 전환”.

정지범(2009). “자연재해 및 국가위기 발생시 국가적 종합위기 관리방안 연구(Ⅱ) 제2편”.

제1야전군 사령부(1996). “강릉 무장공비 소탕작전(교훈집)”.

주성빈 · 최응렬(2013). “국가 통합위기관리체계(IEMS)의 구축방안에 관한 연구”. 『한국경호경비학회』.

주충근(2018). “국가위기관리의 통합성에 관한 연구: 천안함 사건과 세월호 사고를 중심으로”. 경남대학교 박사학위 논문.

최영근(2022). “전술 핵무기 재배치가 한반도 위기관리에 미칠 영향 연구: 전략적 소통(SC)을 중심으로”. 『국방정책연구』 제136호 여름.

최인숙(2016). “IS의 파리테러 이후 프랑스의 정치 · 군사적 변화”. 『전략논단』 통권 제23호.

홍성주(2021). “시민들의 경찰에 대한 협력의지에 영향을 미치는 요인에 관한 비교 연구: 한국과 우크라이나 간 경찰 신뢰도의 매개효과를 중심으로”. 『한국경호경비학회』.

## 3. 국외 단행본 및 논문


Kenneth N. Waltz (1959). "Man the State and War". (New York and London: Columbia University Press).

Clausewitz, Carl von (2002). *On War*. Ed. Trans. Micheal Howard and Peter Paret. (Princeton. New Jersey: Princeton University Press, 1984).

Edward L. Morse (1972). "Crisis Dipromacy, Interdependence, and the Politics of International Economic Relations", Raymond Tanter and R. H. Ullman(ed.), Theory amd Policy in International Relations.

Phil Williams (1987). "Crisis Management". (London: Gloom Heim).

Glenn H. Snyder and Paul Diesing (1977). "Conflict among Nations: Bargaining Decision Making and System Structure in International Crisis". (Princeton University Press).

James L. Payne (1970). "The American Threat".

Alexander L. George (1991). "Avoiding War: Problem of Crisis Management". (Boulder: Westview Press).

James Richardson (1988). "Crisis Management: A Critical Reprisal, in Gilbert Winhamed(ed), New Issue International Crisis Management". (Boulder: Westview Press).

Amitav Acharya (2003). "The Nexus Between Human Security in East ASIA". International Conference Hall, Korea Press Center, Seoul, Korea.

Dewi Fortuna Anwar (2003). "Human Security: An Intractable Problem". in ASIA Security Order: Instrumental and Normative Features (Standford, California: Stanford University Press).

Didier Bigo & Colombe Camus. "General Overview of the French Anti-Terrorism Strategy".

William J. Petak (1985). "Emergency Management: A Challenge for Administration". Public Administrative Review Vol. 45. Special Issue.

## 4. 법률 자료

헌법 제10호. 대한민국 헌법(1987. 10. 29.)

법률 제18744호. 감염병의 예방 및 관리에 관한 법률(2022. 7. 12.)

법률 제18807호. 경찰관 직무집행법(2022. 2. 3.)

법률 제10821호. 국군조직법(2011. 10. 15.)

법률 제18321호. 국민보호와 공공안전을 위한 테러방지법(2021. 7. 20.)

법률 제18682호. 비상대비에 관한 법률(2022. 7. 5.)

법률 제17814호. 정부조직법(2020. 12. 31.)

법률 제18684호. 재난 및 안전관리 기본법(2022. 4. 5.)

법률 제17693호. 민방위기본법(2021. 6. 23.)

법률 제18682호. 예비군법(2022. 7. 5.)

법률 제17686호. 통합방위법(2021. 3. 23.)

## 5. 신문기사 및 인터넷 자료

일간지: 동아일보, 조선일보, 중앙일보, 한국일보, 한겨레신문 등

아이만 알 자와히리(위키피디아, 검색일: 2022. 8. 10.) https://ko.wikipedia.org/wiki/아이만_알자와히리

프랑스 파리 테러(위키피디아, 검색일: 2022. 8. 14.) https://ko.wikipedia.org/wiki/2015년 _11월_파리_테러

후쿠시마 원자력 발전소 사고(나무위키, 검색일: 2022. 8. 20.) https://namu.wiki/w/후쿠시마 원자력 발전소 사고.

## 김태진 金泰鎭

### 주요 학력

육군사관학교 졸업(문학사, 군사사학전공)

육군대학 전문과정(2002-1기) 졸업

경희대학교 대학원 안보정책학과 졸업(행정학 석사)

국방대학교 합참대학 졸업

서울대학교 미래안보전략기술 최고위과정(ALPS[2]) 수료

한남대학교 대학원 정치언론국제학과 졸업(정치학 박사)

### 주요 경력

제32보병사단 대대장, 작전참모

합참 작전본부 통합방위과 통합방위계획장교

제32보병사단 연대장

합참 작전본부 지휘통제팀장

합참 작전본부 통합방위과장

수도방위사령부 작전처장

육군사관학교 생도대장

제5군단 참모장

육군훈련소 참모장

육군본부 감찰실장

### 저서 및 논문

『통합방위 실무지침서』(합참 통합방위과 공동 저술, 2011)

「한국의 군사력건설과 국방개혁에 관한 연구」(석사논문, 2006)

「국가위기관리 시스템 발전방안 연구」(서울대 미래안보전략기술과정, 2020)